气候变化之际的城市主义

[美] 彼得·卡尔索普　著

彭卓见　译

中国建筑工业出版社

著作权合同登记图字：01-2012-4776号

图书在版编目（CIP）数据

气候变化之际的城市主义／（美）卡尔索普著；彭卓见译.
—北京：中国建筑工业出版社，2012.8
ISBN 978-7-112-14532-4

Ⅰ.①气… Ⅱ.①卡… ②彭… Ⅲ.①气候变化－关系－
城市规划－研究 Ⅳ.①TU984 ②P467

中国版本图书馆CIP数据核字（2012）第184396号

Urbanism in the age of Climate Change / Peter Calthorpe
Copyright © 2011 Peter Calthorpe
Published by arrangement with Island Press
Translation copyright © 2012 China Architecture & Building Press

本书由美国Island Press授权翻译出版

责任编辑：姚丹宁　董苏华
责任设计：陈　旭
责任校对：党　蕾　王雪竹

气候变化之际的城市主义
［美］彼得·卡尔索普　著
彭卓见　译
＊
中国建筑工业出版社出版、发行（北京西郊百万庄）
各地新华书店、建筑书店经销
华鲁印联（北京）科贸有限公司制版
北京云浩印刷有限责任公司印刷
＊
开本：787×1092毫米　1/16　印张：9¾　字数：300千字
2012年10月第一版　2012年10月第一次印刷
定价：58.00元
ISBN 978-7-112-14532-4
　　　（22584）

中文版序

反思 + 方法 + 实践

在过去的几十年里，彼得·卡尔索普（Peter Calthorpe）一直是公交为导向开发（TOD）理念的先锋人物。自1989年在美国波特兰区域规划中提出这一理论开始，他一直是可持续规划与设计的领军人。其实践项目大多位于美国，但其背后的方法与原理对于各地都有借鉴意义。在中国，人们热衷于步行与自行车，政府积极地开展公交基础设施建设，同时城市以高密度模式发展，这种种特质都与TOD的基本理念相符。

卡尔索普有着多本著述。1986年出版的《可持续社区》启发了众多从事环保设计的人士，使"可持续性"成为了生态保护事业的新目标。在20世纪90年代早期，他在《未来美国大都市》中详细阐述了TOD的理念，这一理念如今成为了美国众多国家政策以及规划成功案例的基础。同时，他与其他规划设计界的先锋组建了新城市主义大会并成为第一届主席。这一组织在世界各地推动了规划与发展的改革运动。

在2001年，卡尔索普出版了《区域城市》，向人们阐述了区域尺度的规划和设计是如何将城市复兴与郊区更新相融合来推动都市区整体发展的。他参与的波特兰、盐湖城、洛杉矶以及路易斯安那州南部区域规划项目为都市区尺度的环保设计创立了更为互动的规划方法。

这本《气候变化之际的城市主义》是他最新的著述，记录了城市开发模式对于能源、碳排放、社会、环境以及经济方面影响的最新研究与实践，包括由他主笔的"伟景加州"项目，这一开创性的城市设计工作涉及整个加利福尼亚州，将为气候相关立法的实施提供参考，而本书的大部分数据也源自这一项目。

近期，卡尔索普在美国能源基金会的引荐下开始了在中国的工作，目的是推广低碳城市与可持续开发的理念。他已经完成了若干新城规划项目来摸索和试验TOD理念在中国的实施，其中包括昆明的呈贡新城和重庆的悦来生态城。而最近，他开始了一项更为重要的试验：为重庆北部新区12000公顷的范围内制订TOD总体规划。

尽管本书讲述的是美国的现状、城市历史以及可行的环保措施，但其经验与教训对于中国的意义是显著的。它展示了人口、变化的经济、公共政策与环境危机是如何相互影响并作用于城市开发模式的。

　　例如，联邦高速公路投资、个人住房贷款免税、高速的经济发展以及婴儿潮人口的激增，这几个因素的相互作用在二战后形成了"美国梦"，从此郊区住房和汽车就成为了这个国家的标签。同时，城市环境被工业污染，而郊区自然环境良好，大部分的家庭都是丈夫工作妻子务内育子，而环境问题、种族隔离以及贫富隔离、市中心衰败等问题还未能够引起人们的警觉。政策、人口与经济都与美国梦的标签相吻合，它成为了几代美国人引以自豪的生活方式。

　　然而，变化发生了：美国的经济结构在迅速地从制造业往第三产业转移，很多以制造业为主，经济较为单一的地区在这一转型过程中遇到重重困难，失业率增加，中产阶级收入降低；以往的婴儿潮一代如今都已经成为空巢一族，人口开始老龄化，家庭规模减小，单身家庭增多，市场上对于小户型住房的需求增大，同时越来越多的老年人无法再承担起维修以及修剪草坪等大住宅的维护和保养，从而转向服务齐全的城市公寓，而住房供应结构仍然固化在郊区大住宅上，其后果就是2008年的美国房地产崩盘；另一方面，油价持续增加，而很多家庭都需要两辆汽车来满足夫妻两人的工作通勤需求，算上不断上涨的交通成本后，以往价廉物美的郊区住宅变成了家庭的负担。同时，交通堵塞、空气污染、土地的侵占、市中心的衰败、社会隔离等等问题也愈发严重。

　　由此，美国的规划界开始了反思。反思的过程中出现了几个主要的人物，其中最为中国读者熟悉的莫过于简·雅各布斯。但真正形成规模，以一种改革运动的形式出现，并且影响力逐步扩大的，要属新城市主义。彼得·卡尔索普作为新城市主义的奠基人之一，他的这本新书不但汇总了之前美国规划界的思考，最重要的是结合了气候变化和环境压力这一时代的主题，提出城市主义是最为经济可行的环保措施。按照他的说法，即"果园中低垂的果实"，伸手可得。往往人们谈到环境与城市的话题时，总离不开绿色建筑、绿色能源等高科技字眼，而卡尔索普指出，这些绿色科技固然重要，但只有在可持续的城市主义奏效之后才能发挥最大的效益。因为城市主义能够在能源需求上着手降低人们对于环境的影响，而绿色科技是在供给上发挥作用。倘若一边花费巨大成本来拓展绿色科技，一边却放任城市沿着高能耗的方向发展，那效益将会抵消，或者按照卡尔索普的说法，是"小猫追着自己的尾巴跑"。

　　践行可持续的城市主义之前，规划师需要对现状有一个更为深刻的了解。美国现有的规划体系其实是由现代主义所引导的一种工业化高效生产的思考模式。卡尔索普将其总结为三个特征：专业化、标准化和批量生产。在这样的思想引导下，以往肩负着公共空间、廊道以及交通等多种功能的街道降级成了单纯服务于小汽车的工具；居民背景丰富的社区按照种族、年龄和收入被分割成了不同的住宅区；相互兼容相互巩固的不同土地利用被分开设置；同时规划设计行业内部也划分了不同的专业，各个专业闭门造车，不相往来。这些专业又在政府部门中对应着同样缺乏沟通的各类平行部门。要改变这样的局面，卡尔索普引入了含有三个元素的新设计思想：人本尺度、多样性和节能保育。同时，他强调了区域协作的重要性，呼应了他的前一本著述《区域城市》中的观点。

了解了现状，更新了思想，接下来卡尔索普向读者展示了新的规划工具：城市足迹和城市格网。城市足迹可以取代现有土地利用规划方法，不再按照功能将城市划分成独立而单一的地块，而是按照混合利用的"场地类型"来分类，包括五个基本元素：社区、中心、片区、保护区以及廊道，从而确保了土地利用混合的实现。城市格网则是一套新的交通设计方法，它转换了现有以小汽车为中心的道路设计思想，而赋予步行、自行车以及公共交通优先权并平衡了机动车交通的效率。城市足迹与城市格网都体现了人本尺度、多样性以及节能保育的设计思想，同时创立了有效的机制来实现土地利用与交通系统的结合。

卡尔索普从业30多年，积累了丰厚的实践经验，与他之前的著述一样，这本新书也为读者提供了诸多的案例，其中很多都是他亲自主持的项目。这样，在一本书的篇幅中，卡尔索普向读者展示了自己对当今规划的反思、创新的方法以及多年的实践。

杨保军

中国城市规划设计研究院　副院长、总规划师
中国城市规划协会　常务理事
2012年3月 北京

目　录

致谢

40年来，众多的良师益友们伴随着我共同探索，此中的成果汇集成了这本书。求知的征途上，有些朋友为这一事业以及我个人的成长作出了卓越的贡献，首要的莫过于可持续社区设计之父，辛·凡德朗（Sim Van der Ryn），他在20世纪70年代开创性的工作为这一行业奠定了基础，并让我第一次迈入了城市设计的实践中。

工作的推进需要有一个大家庭来齐心协力，而不能单枪匹马。对于我，新城市主义大会（Congress for the New Urbanism）就提供了这样一个大家庭，他们督促我反复斟酌，不停地给予我挑战与无限的支持，最重要的，这个大家庭为我带来了一群良师益友。自成立之始的20余年里，新城市主义大会逐步成长，而我的朋友们也一直坚定不移地支持着我。

在我身边，卡尔索普事务所全体员工和同事的辛勤工作为本书打下了坚实的基础。合伙人乔伊·斯坎加（Joey Scanga）为此远景提供了20余载不懈的动力；若埃·迪斯泰法诺（Joe DiStefano）出色地开发出了新的规划分析工具，成为本书的核心内容。丹尼·亚德加尔（Danny Yadegar）作为助理研究员，提供了详尽的背景资料；埃丽卡·卢（Erika Lew）为本书提供了分析、深入的评审以及弥足珍贵的灵感来源。

同时，很多身边的老朋友们为这部作品作出了重要贡献。玛丽安娜·洛伊施尔（Marianna Leuschel）将复杂的数据进行了梳理，用醒目而有冲击力的分析图加以展示，使得信息跃然纸上。我多年的思想导师斯图尔德·布兰德（Steward Brand）为我的作品提供了极富见地的反馈和鼓励。若干年前共事于被动式太阳能设计（Passive solar design）的道格·卡尔波（Doug Kelbaugh）抽出了几个星期的时间对我的书稿进行编辑、评论，并将草稿整理成了清晰可读的版本，没有他的付出我的作品肯定无法达到现有的清晰度。我的亲戚乔纳森·罗斯（Jonathon Rose）在他自己行业中的成果以及与我的对话为本书提供了支持。加州环境保护选民联盟（California League of Conservation Voters）的汤姆·亚当斯（Tom Adams）也评阅了我的书稿，更为重要的是，他是加州SB375议案的主要推动人，这一议案开创性地将城市土地利用与碳排放联系起来，这也是本书的基础。

　　岛屿出版社的希瑟·博耶（Heather Boyer）不仅协助我将起初零碎的想法整理成了合理的提纲，她还是这本书的第一个倡导人。没有她，本书将不会面世。

　　最后，我的家人为我的工作提供了最为重要的支持。由于工作原因，我无法时时将精力和时间集中在家庭，对此，我的家人给予了宽容和理解。我的妻子简·德里斯科（Jean Driscoll）很好地平衡了家庭和工作，并给予我关爱，她让我时刻保持敏锐的思维和快乐的生活。而我的孩子阿萨、露西娅和雅各布（Asa, Lucia和Jacob）则给予了我动力的源泉、爱与希望。

在本书中，我对城市主义这个名词进行了较为广泛的定义——用质量，而非数量；用多样性，而非体量；用强度，而非密度；用连通性，而非仅仅区位。

引言

美国反传统的工程师和设计师布基·富勒（Bucky Fuller）在20世纪五六十年代倡导的一些理念至今仍然在鼓舞着我。鼓舞我的并非他设计的圆顶屋，不是能效最大化的住宅，也不是那疯狂的三轮汽车，而是源于他思想根源的一个观点：整体系统设计。远在我们能一睹地球的卫星照片之前，富勒就开始宣讲"飞船地球"——一个工程师对基本生态范例的比喻。他的比喻复杂且囊括多个含义：全人类都位于这一体系之中；我们的地球不可分割且各元素间相互依赖。在这一系统中，人类的命运并非受惠于大地母亲的怜悯与恩赐，相反我们承担着管家和领航员的角色，掌控着地球的资源，并对我们生存的地球负责。随着气候变化这一问题日益严重，富勒的比喻也显得更有说服力，更富有挑战性，也更为重要。

在富勒的那个时代，我们与工程技术结下了不解之缘：效率、大规模生产、标准化和专业化成为了那个时代的主题。那是一个机械化、有因果关系的世界观——不存在复杂的反馈与循环，没有不确定性，不谈生态。事实上，共产主义领导的那一半世界相信他们能够通过工业化制造出社会、经济以及自身的产业；而资本主义领导的这一半世界则信仰被亚当·斯密称之为"看不见的手"——或许这是对于人类并非万能这一世界观或者人性的认同。不管怎样，二战后，两个不同主义领导的世界都将权力拱手交给了工程师们，任其优化生产、大规模生产从房屋到面包到土豆的一切物品。不同行业的工程专家们在各自行业的堡垒里构筑着世界，同时也布下了迷局。

然而富勒却是一个另类的工程师，他希望能通过"用较少的资源做更多的事"（"do more with less"）的原理来打破各工程行业的堡垒。他教导我们：万物是相互联系的，任何东西都可以被利用因而废物是不存在的，系统越全面、越完整，就越具有可持续性。或许对于我而言最为重要的是富勒的那种乐观——相信人类能创造出生态技术，相信科技能辅佐人类，相信我们能从宏观角度出发思考，相信"飞船地球"的概念可以应用到我们每一个人身上。值得高兴的是，他的诸多观点在如今已成惯例了。晚年，富勒开始了一项名为世界游戏（World Game）的运动，旨在让更多的专家和决策者们行动起来迎接挑战，为食品、水资源以及能源创造可持续的全球系统。实际上，这一挑战正是在气候变化之际我们正面临的。

20世纪60年代，年轻懵懂的我追随富勒的引导亲手造出了一大堆漏雨的圆顶屋——这一教训和经历教导了我形式与事实之间的差距。接下来的十年，我着手设计被动太阳能房屋（真正的实现"用较少资源做更多的事"）并开始了被辛·凡德朗（Sim Van der Ryn）称为可持续社区的设计（整体系统设计在社区尺度的第一个案例）。这些经历和想法慢慢成熟，在90年代形成了新城市主义以及TOD模式（以公交为导向的开发），并最终构筑了区域城市的理念。每一次前进都是在之前思考的基础上的扩张。

从建筑到社区再到TOD模式，单独关注这些尺度中的任何一个都无法让我们应对能源和气候变化带来的挑战。高效的节能建筑固然重要，却缺乏了在社区尺度实现节能的机遇；单个的社区尽管能够为整体系统设计提供更多的选择，但却无法引导其居民降低小汽车的使用，也不能拟定大尺度计划保护耕地、动植物栖息地或振兴整体经济；TOD（以公交为导向的开发）模式尽管有建立区域框架以及合理布局公交和城市开发的含义，但也仅仅是区域健康发展所需的诸多策略之一。过往数十年里，我渐渐明白，只有从整体系统的角度出发，将各个尺度的策略环环相扣才能应对气候变化所带来的挑战。我希望这本书能够将过往的经验和教训作一个总结，对各相关因素作一个展示，并提供一套改变城市未来的工具。

不管我们是否乐意，地球的未来将是一个城市化的未来。世界人口自1950年以来已经翻了两番，这一增势仍在加速[1]。而亟待回答的问题是：什么样的城市主义将会引领未来的城市化？这一问题的答案不仅会影响到社区的物质形态，还将牵涉到我们的生态足迹、社会以及经济构架。然而，在众多解决气候变化、就业岗位以及环境压力的对策议案中，城市主义往往被人们遗忘。

在本书中，我对城市主义这个名词进行了较为广泛的定义 —— 用质量，而非数量；用多样性，而非体量；用强度，而非密度；用连通性，而非仅仅区位。城市主义总是产生于功能混合、适于步行的地方，产生于人本尺度的场所，产生于居民多样化的地方，产生于私人汽车与公共交通均衡使用的地方，产生于当地历史不断稳固传承的地方，产生于积极应变的地方，也产生于公共生活丰富的地方。城市主义存在的形式多样，尺度不一，区位各异，密度不同。传统美国的村庄、电车连接的郊区，小镇以及历史名城都可划入这一"城市"的范畴。城市主义涵盖的范围广阔，而不仅仅局限于城市商业区。

尽管因地理、文化、经济的不同，相应的城市主义也不同，但传统的城市主义一直在向我们昭示着优良的历史老城所共有的活力、复杂性与亲密性。由此定义出发，我们可以认为适于步行并允许土地混合利用的郊区可以被定义为"城市"，而反之城市也可以成为典型的郊区 —— 任选一个美国"城市更新"（Urban Renewal）运动中产生的城中心走走就知道了。传统的城市主义并非一个中心城区、一个历史保护区或者闹市区，更不是已经消逝了的一个历史阶段，而是一个不断演化，并满足人类基本需求的平台——在如今，传统的城市主义更是我们塑造可持续未来的基础。

要解决气候变化以及能源问题，并非是要将城市和郊区对立起来，而需将两者重新纳入到可持续的区域形态中。这本书并不是一篇阐述郊区弊端或城市价值的文献。它所倡导的是城市与郊区两者协同演进，最后能实现无缝对接。

城市肯定是环保的，从人均的角度而言，城市占地面积小，机动车使用率低，能源消耗小，碳排放量也低。然而仅因为城市这些表面的特征来把建造更多的城市当做未来区域发展策略，那又过分简单化了。我们需要的不仅仅是孤立的"可持续社区"或"绿色城市"，而是"可持续区域"——将各类科技，住区形式和生活方式细心糅合于一体的场所。也只有通过区域规划，我们才能构建不同尺度和开发强度的社区，才能提供多样的出行选择而减少私人小汽车的使用，才能搭建在不同尺度都能奏效的环境系统和绿色科技。整体系统设计只有在区域尺度才能获得最好的利用。

不幸的是，如此广泛定义的城市主义在过去的半个世纪里已经逐渐消逝。美国的城市正无限制地消耗着能源，而我们的区域则愈发臃肿。燃油就好比高糖高淀粉的食谱，它使得城市的腰围不断肥大而力量和柔韧性逐渐衰退；城市社区的营建则好比是健康的食谱，它将天然的配料合理搭配、使用本地资源，使城市体格精瘦；美国二战后兴建的郊区则好比快餐，场所感和历史沉积被大规模生产所覆灭，它们的原料千篇一律，并需要从外地远距离地调送大量资源，对应的基础设施也需要大量补贴。我们的城市足迹（城市尺度和能源需求）已经在不可持续的道路上前行甚远。

作为补救措施，本书提出了以下主张：首先，如果基础设施投资、金融结构、区划以及公共政策能够得到改革，那么，紧凑而适宜步行的城市主义自然会兴起；其二，这种健康的城市主义搭配以简单的环保科技，便可在节能减排上作出突出贡献；其三，践行城市主义，是应对气候变化最为经济的解决途径，远远好于绝大多数可再生能源技术手段；最后，城市主义在能源和环境以外，还能带来社会经济等多方面的好处。简而言之，城市主义是我们塑造低碳未来的基础和最为廉价的途径。

这本书关注美国在气候变化问题上所面临的机遇和挑战。自1850年至今，美国占据了全球碳排放量的30%，超越了任何一个国家以及欧盟的总量[2]。这使得美国应该肩负起更多的责任来改变这一状况。此外，美国的行动将会向人们展示中产阶级为主体的社会繁荣如何与低碳未来相结合，这将是经济发展与环境保护双赢的可持续未来的典范。

往往，我们将气候环境的挑战归结到工业生产效率，新能源或者绿色科技等技术问题上。而在这本书里，我将会从生活方式、土地利用、城市主义以及区域设计的视角向大家描绘气候变化与能源问题的未来。

值得注意的是，影响我们未来聚落形式的不仅仅是气候变化与能源的枯竭，促使我们变化的压力来自四面八方：土地资源与洁净水源的减少已成为全国性的问题；家庭大小以及劳动力结构的转变正重塑我们的社会结构；环境与人类健康的压力正在积压；资本与时间的费用正在调整投资模式；同时，人们对于自我个性的探索和场所感的追寻正改变着人们的生活。我认为，只有能够应对上述诸多压力，才能最好地解决气候变化的危机。

事实上，这一系列涉及环境、社会以及经济的挑战不能，也不可能单独解决。对于单点因果式的逻辑，我总是表示怀疑，因为这样的逻辑往往忽略了某些预料之外的后果或是附带的好处。城市主义的影响力远远地超越了气候与环境的范畴，这也是为什么城市主义是应对气候变化强而有力的对策：其他诸多方面的需求也在为其提供动力。它的效益涵盖了基础设施、节能、公共健康、经济适用房以及土地资源保护。除了能够定量衡量的结果以外，城市主义也可以带来社会资本、经济公平性以及生活质量等性质上的效益。或许，这本书最为重要的贡献在于将可持续的城市形态在节能减排之外的效益进行量化。

本书回望过去50年我们所经历过的改变，然后向前展望50年后我们的城市和环境可能遇到的种种不同未来。对于各种不同的未来情景，书中列举了大量度量方法来对比包括温室气体排放、经济、社会以及环境影响等因素。对比中孕育了一个我们城市未来的愿景，并以此产生了新的设计宗旨和开发模式。在本书的末尾将介绍美国加州通过系统的调整土地利用政策、工业标准以及科技创新等手段降低碳排放的经验，这项工作被称作"伟景加州"（Vision California）。

2008年的经济衰退以及房地产市场的崩盘不仅仅只是美国信贷结构和银行体系的危机，而是一个更为深层事实的显现：我们很多的社区和生活方式是不可持续的——过分依赖小汽车、过分消耗土地、过分的分隔，以至于最终过于昂贵而使得人们无法承受。我们的开发模式变得与支撑它的融资体系一样病态。归根结底，我们的土地利用形式已经远远地与经济、社会和环境之基本所需脱钩了。

没有一个可持续的城市主义，就无法应对气候变化和能源的挑战。

第一章　城市主义和气候变化

我想如今应该没有人会否认气候变化是迫在眉睫的威胁，并且其潜在危害是灾难性的——科学已经证实，按现有的模式进行下去人类每天都在将自己推向灭亡。此外，随着原油储备的耗尽，油价上涨将成为必然。能源和气候的双重危机将给环境和经济带来巨大的挑战，如果缺乏对策，后果将是惨重的。这些挑战将使我们密切关注楼房、乡镇、城市和区域对我们生活和环境的影响。除了清洁能源以外，我相信主张紧凑、多样而适宜行走社区的城市主义将在应对能源与气候挑战中扮演核心的角色。没有一个可持续的城市主义，就无法应对这双重的挑战。

许多人否认气候变化与能源这双重挑战的存在。他们认为世界对于能源的需求不会超过产量，而气候变化的话题被过度夸张了，是不存在的，或者与人类行动无关。本书将不会参与到这一辩论中，而是接受这样的前提：气候变化和能源峰值（peak oil）是紧迫的事实，需要我们积极的应对。

这双重挑战是紧密相连的。科学研究显示，如果我们要阻止气候变化，那么到2050年全球碳排放量需要降至1990年排放量的20%。如果将1.3亿的美国预测人口增量[1]考虑进去，这意味着到了2050年，每一个美国人需要将自己的碳排放量降低到现有水平的12%——我称其为"12%方案"[2]。倘若我们能够完成12%方案来阻止气候变化，我们同时将降低对不可再生能源的依赖从而实现可持续的繁荣。这样一个低碳的未来将非常自然的降低石油需求，使得人类更加顺畅的步入新能源时代，以及新的经济。

除了双重挑战以外，美国还有两个体系内部问题需要下一代人应对：人口老龄化；中产阶级日益多样化和财富的日益缩减。如今，美国有三分之一的人口出生于婴儿潮或更早的时期，四分之一以下的家庭有小孩。在过去的十年，收入的中位数降低了，事实上，"将通货膨胀考虑进去以后，典型的美国家庭年收入在1999~2008年间减少了2000美元以上"[3]。因此，一方面我们需要应对气候变化和高涨的能源价格，另一方面我们也必须调整住房结构来适应变化的人口结构并寻找一个更为节俭却繁荣的未来。

转型需要深层次的变革，不仅只是能源、科技或环境保护，而应囊括城市设计、文化以及生活方式。不仅仅应用绿色科技，而需要重新思考我们生活的方式及其背后的社区形式。值得庆幸的是，社会、环境和经济的挑战都能够从城市主义中找到解决方案。城市主义在重塑区域、减少区域石油依赖性的同时，也降低了家庭开支，为老年人创建了健康和融合的场所。

城市主义的解决方案包含了科技和设计两个层面。举个简单的例子，我们需要通过城市设计来大幅度地降低我们驾驶的里程数，同时我们也需要利用科技来研发更为节能的汽车。我们需要生活和工作在能源需求小的建筑里，同时也要使用可再生能源来为这些建筑供能。城市主义涉及我们的食品，建造的房屋，出行的方式以及我们居住的社区。它要求人们放弃一个万能的科技创新会解决所有问题的幻想，而理性地认识到应对当前挑战、成功转型将需要对我们生活中诸多元素进行改革——更为重要的是，人们必须了解到，这些元素间是环环相扣的。

事实上，绿色科技和清洁能源的可行性取决于我们在区域、社区以及建筑尺度上节能的成功，而节能的成功则取决于我们的基本生活方式以及城市形态。解决问题的关键在于合理搭配各种策略，使用"整体系统"的概念，而非"问题列表"的思维模式来应对气候、能源和经济问题。

应对挑战我们有三个相互联系的途径：生活方式（life style），节能保育（conservation）和洁净能源（clean energy）。生活方式涉及我们生活的方方面面——出行方式、住宅大小、食物、消费品质量等等。而这些则取决于我们建造的社区和文化——也就是城市主义的程度。节能保育则是围绕技术与效率层面进行——房屋、汽车、家用电器、市政设施和工业系统——以及对森林、海洋和耕地等支持人类生存的自然资源的保养。这些节能保育的方法简便而廉价，可行性也很大。第三个途径，洁净能源，是我们一直在关注的：新的太阳能、风能、潮汐能、地热、生物能源，甚至是新一代的核能。这些技术很吸引人，也比较昂贵，这些技术将在不久的未来成熟。上述三个途径都是非常必要的，而在这本书里我将集中讨论前面两种途径——生活方式和节能保育——因为这是我们现在可用的也最为有效的工具。

生活方式和节能保育两者间的交集就是城市主义。在美国，工业排放占温室气体排放量的29%；农业和其他非能源相关活动占9%；铁路货运与航空占9%。上述总计47%的温室气体排放量代表了我们日常购买的商品、消耗的食品、我们财产中的能源以及所有物品的运输所消耗的能源。剩下的53%则来自于我们的房屋建造和个人交通出行——这就落到了城市主义的范畴[4]。因此，城市主义，搭配以公共交通和节能的房屋和小汽车，就能够显著地降低我们的温室气体排放量。

或许和节能减排同样重要的，是城市主义产生的其他效益——城市主义倡导的紧凑城市形态减少了占地，从而使得更多的耕地、公园、栖息地和开放空间得以保存；更小尺度的城市削减了开发成本，减少了道路、市政设施以及公共服务设施的建设和维护，从而不可渗透地表的面积减少，污染的地表径流降低，更多的降雨能够自然回渗到含水层。

全球差异

2005年美国人排放了70亿吨温室气体，人均每人23吨。美国人的人均排放量是全球平均水平的四倍，是同等经济水平的欧洲国家平均值的两倍以上。而且从1850年开始至今，往大气中排放的二氧化碳总量的30%来自于美国。

全球人均排放量：5.5吨

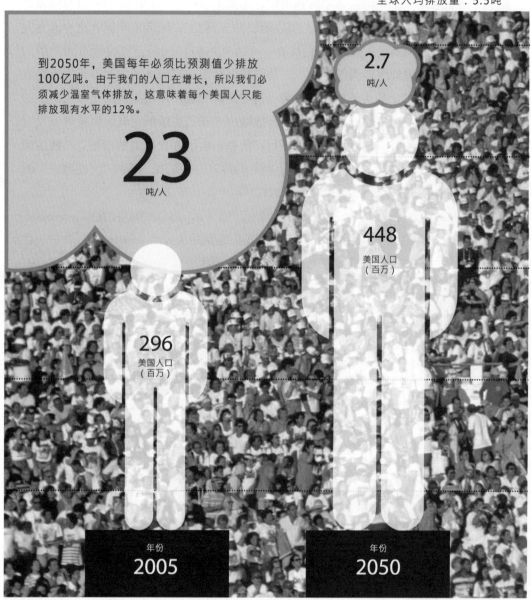

到2050年，美国每年必须比预测值少排放100亿吨。由于我们的人口在增长，所以我们必须减少温室气体排放，这意味着每个美国人只能排放现有水平的12%。

23
吨/人

2.7
吨/人

448
美国人口
（百万）

296
美国人口
（百万）

年份
2005

年份
2050

挑战

如果要将全球变暖控制在2摄氏度，那么发达国家需要在2050年将排放量缩减掉1990年水平的80%。同时，美国的人口预计在2050年将增长1.4亿。这意味着到2050年，每个人的平均排放量需要削减至2.7吨，也就是现有水平的12%。

12% 的
挑战

图 1

更为紧凑的开发模式降低了土地和基础设施的成本，与之相关的房价和税负也减少，从而削减了住房开支。城市主义会调整城市开发中的住房结构与比例——独户单栋住宅比例减少，而平房与联排屋比例增多——从而最终为多样化的人口提供更多的住房选择。这意味着私人空间的减少而共享空间的增加，这将使得土地的集约利用更为有效，总成本降低。人口老龄化的社会里，修整自家草坪以及驾驶正成为越来越多老年人的负担，而越来越多的工薪家庭也在尝试削减水电费和通勤时间，这些诉求正是城市主义所能应答的。

城市主义能降低整体驾驶里程数，使得我们对于进口原油的依赖、空气污染和碳排放都下降。更少的驾驶里程数也会带来更少的拥堵、尾气排放，更少的道路建设维修费用以及交通事故。而因为交通事故减少和空气质量的提升，医疗开支也会削减，这一效应同时因为人们更多的步行、使用自行车和锻炼得到加强，肥胖现象相应减少。当越来越多的人选择步行，街上的行人就会增加，街坊变得更为安全，人们之间的交流和沟通将形成更为凝聚的社区。

顺着这一良性循环延展，更多紧凑的城市开发意味着更多紧凑的建筑——意味着更少的空调耗能、水电费、灌溉用水，以及更少的碳排放。这也使得用电需求减少，新增发电站数量减少，同样能降低费用和碳排放。这正如富勒告诫我们的，城市主义自身就是"用较少的资源做更多的事情"，而密斯·凡德罗（Mies van der Rohe）的名言则概括得更好——"少即是多"（less is more）。

然而，在过去的50年里，美国的经济和社会却是在"多即是多"以及"以大为美"的逻辑下运转的：更大的住宅、更大的后院、更大的车、更大的引擎，更大的开支，更大的机构，以至于寻求更大的能源。与此恰恰相反，城市主义倾向于"以小为美"，这就意味着一些折中：私人空间减少了却带来更丰富的公共空间；个人安全防护措施少了却换来了更为安全的社区；私人汽车出行的便利减少了却有了更为便捷的公共交通。紧凑的开发模式的确意味着更小的私人后院、更少的私人汽车以及个别人私人空间的减少。然而另一方面，它能有效地降低日常开支并增加与家人、街坊邻居共处的机会。我们的问题并非要探究两种方式孰是孰非——城市主义的长处就在于能够有效地混合搭配，而问题是探究两种方式需要如何折中与搭配才能更好地适应新的人口结构、人们的需求和经济结构，以及我们对于美好生活的定义。

伟景加州 Vision California

量化并明白城市主义所带来的良性循环以及共同效益是至关重要的。而很少有研究能够较为全面地将各类参数和变量罗列出来，也因此，我们时常无法对这

城市主义 的影响

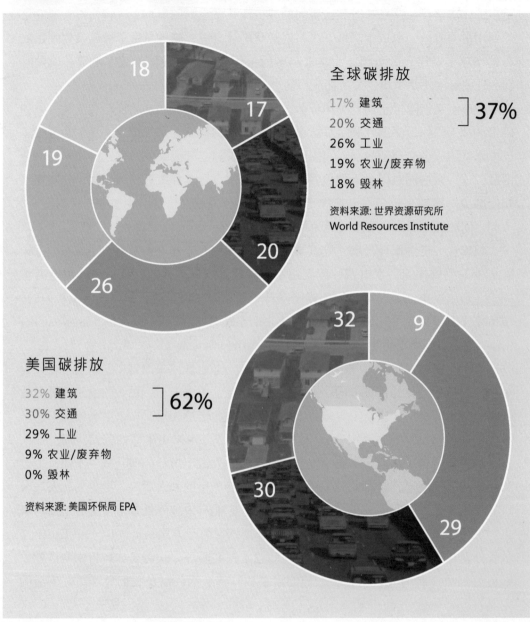

全球碳排放

17% 建筑
20% 交通
26% 工业
19% 农业/废弃物
18% 毁林

] 37%

资料来源: 世界资源研究所
World Resources Institute

美国碳排放

32% 建筑
30% 交通
29% 工业
9% 农业/废弃物
0% 毁林

] 62%

资料来源: 美国环保局 EPA

图 2

在全球，毁林、农业、化学原料以及废弃物等非能源相关的碳排放占总排放量的37%。而这一部分在美国只占据总排放量的9%，因此，我们需要更加关注与能源相关的排放。

全球范围内，交通占据了20%的温室气体排放量，但在美国这一比例是30%，而在加州则高达50%。在建筑领域也一样，全球范围的比例是17%，而在美国，建筑与其电能消耗一起占据了总温室气体排放量的32%。交通和建筑一起——也就是城市主义相关的领域——占到了排放问题的三分之二。

家庭的对比

典型郊区单栋独户
家庭，三辆汽车，
平均能耗20英里/加
仑(MPG)，每年驾驶
31000英里

郊区

237   162

节能效率提升
30%的单栋独户
住宅，三辆车，
平均能耗30MPG

绿色郊区

158   113

联排屋，两辆
车，每年驾驶
15500英里

紧凑型社区

119   126

节能联排屋，两
辆车，平均能耗
30MPG

绿色紧凑型社区

79   88

公寓，一辆车，平
均能耗20MPG，每
年驾驶10000英里

城市

71   80

单位：百万英热单位/年 (MBTU)/year
交通排放包括了燃油提炼以及汽车消耗部分

节能公寓，平均
能耗30MPG，
每年驾驶10000
公里

绿色城市

47   56

单位：百万英热单位/年 (MBTU)/year
家庭住宅能耗包括了所消耗能源生产过程的
能耗。所有的数值都是全国平均值

不同家庭的总能耗（暖气、空调、电气以及汽车）呈现出很大的差异。郊区拥有三辆车的大住宅每年消耗将近400MBTU的能量。而同样的家庭如果使用节能建筑和节能汽车的话，消耗量将降至270MBTU。对比起来，在混合利用并且配备了公交服务的社区里，一个拥有一辆车的联排屋家庭每年需要245MBTU，少于绿色郊区的家庭。如果这一紧凑型社区家庭能够采纳太阳能等环保节能装置以及节能汽车，消耗量将削减至167MBTU——三倍的节约。城市中的绿色公寓要比郊区家庭平均节能75%。

图 3

一循环有全面的认知。幸运的是，美国加利福尼亚州通过了一系列温室气体减排的法律，在努力践行这些法律的过程中，我们有机会较为全面地对城市主义进行研究并探索其与环境保护和节能减排政策的联系。伟景加州（Vision California），这一项目就在这样的机遇下诞生了，它由加州高速铁路局（California High Speed Rail Authority）和加州战略发展理事会（California Strategic Growth Council）委托立项，用于测量到2050年，不同政策影响下全加州土地利用模式所产生的结果[5]。这些结果为我们展示了城市主义的良性循环，以及收益与成本的规模。

到2050年，加州预计将新增七百万个家庭，两千万人口，从而人口总量将增至六千万[6]。如今，加州是世界第八大经济体。伟景加州的研究对比了两种假设的未来：一种是现有州内典型的低密度郊区式发展引致的"现有趋势"（Trend）未来；另一种是由环保节能政策引导的"绿色城市"（Green Urban）未来。在"绿色城市"的假设中，未来35%的开发将是填充式发展（infill）；55%的开发是以更为紧凑、业态混合以及更适宜步行的郊区形式进行；仅有10%是现有标准的低密度开发。此外，在"绿色城市"的假设中，至2050年，小汽车的平均油耗效能将逐步上升到每加仑55英里，而燃油含碳量将减少三分之一，所有新建建筑的节能将比现有建筑高出80%。这些假设并非是乌托邦式的构想，而是代表一种实际的趋势。这一对比研究向我们展示了受城市开发威胁的资源以及我们即将为之付出的代价。

"绿色城市"所带来的资源保护绩效是显著的，依据它的假设，容纳未来两代人所需的土地面积为1850平方英里，比"现有趋势"未来所需的5600平方英里减少了近三分之二。而加州的现有建成区面积为5300平方英里[7]。这一差异将为中央谷地节约近900平方英里的耕地，使得沿海区域大面积的核心公共空间和生态栖息地免遭开发破坏。更为紧凑的未来意味着更少的私人后院需要浇灌、更少的停车场需要景观处理，每年节约42亿立方米用水——足够用以回填整个旧金山海湾或者灌溉500万英亩农田[8]。更少的建成区面积同样意味着更少的基础设施建设，这一方面每年约节省加州1940亿美元的开支，平摊下来每年每户约24300美元——这还没有将基础设施维护费用计算在内。除此之外，治安与消防上的开支也随着城市建成区面积的减小而削减。

值得注意的是，"绿色城市"的未来并不会显著地改变加州的住房选择。事实上，按照"绿色城市"的假设进行建设可以对加州的住房结构、品种和价位进行调整，使得住房更能适应市场的变化。我们来看看具体的数据：大地块单户独栋住宅的比例将由现在的40%下降到2050年的30%，小地块单栋住宅会略微上升而联排屋则会增加一倍到15%，而多户住宅和公寓楼的比例则相对稳定，保持在如今三分之一的水平。整体而言，单栋独户的住宅将从现有的62%下降到50%左右。很多人认为这一比例的变化是一种良性的转变，使得住房市场变得更为多样化，房价更为合理——而并非有人所宣称的,这是美国梦的终结。

在"绿色城市"的未来,对于汽车的依赖将大大降低 —— 每个家庭平均每年的车英里数(Vehicle Miles Traveled, VMT)将从现有趋势未来所预测的27200英里下降34%到18000英里。更临近住所的目的地、更有效的公交服务以及更为适宜步行的社区,都将协助我们达到这一目标。当然,我们都仍将拥有汽车,只是我们将更为有效地利用汽车,更少地使用汽车。机动车使用量的变化,其影响是深远的:在交通拥堵问题上,它相当于减少了1500万辆机动车[9],大大降低了新建道路和停车场的需求——节约了23000英里的高速公路、快速路以及主干道的建设,节省开支4500亿美元。

更少的机动车使用将降低交通事故发生频率,"绿色城市"的未来可让3100个生命免于交通伤亡,每年节约相关开支5亿美元[10]。更少的机动车也将减少空气污染以及呼吸道疾病的发生频率[11]。更多的步行意味着更为健康的体魄和更少的肥胖病症,从而降低糖尿病等相关疾病的治疗费用[12]。

最为重要的是,"绿色城市"未来将会使我们在交通行业的减排接近"12%方案"所设定的目标。车英里数上的减少,以及低碳/高油耗效能的机动车的普及,可以使交通方面的碳排放从2.6亿立方米降低至2900万立方米。此外,在接下来的40年里,我们可节省3520亿加仑的燃油,相当于2.1万亿美元开支。这样的数值大到无法想象,然而,相比之下,从圣迭戈到旧金山的高速铁路计划预算为420亿美元,这一造价不及每年预计燃油开支节约的五分之一。简单来说,按照2050年每加仑燃油8美元计算,这将为每户节约6100美元。

"绿色城市"的未来所带来的环境效益未止步于此。紧凑而高效能的建筑耗能少、温室气体排放量低,运营费用少。按照预期,建筑行业的碳排放将减少62%,虽然未能达到"12%方案"的目标,却是意义重大且必须迈出的一步。总体上,在"绿色城市"的未来,每户平均每年水电费开支将节约1000美元,如果将私人汽车的持有、维护、保险以及燃油等方面的费用降低一并考虑,加州居民每户每年能节约11000美元(2010年美元),若按照2050年5%的利率计算,这笔开支可以启动20万美元的抵押贷款。

罗列了"绿色城市"未来的种种优势之后,人们也许会问:这有什么不好的吗?对于部分人而言,他们不喜欢的、反对的恰恰是将这一系列优势变为现实的因素:城市生活。

城市主义的扩展讨论

对于很多人而言,城市是一个贬义词,暗指着犯罪、拥堵、贫困以及拥挤。对

对比
加州不同的未来

348
百万吨

*284 百万吨
碳排放总量

*5,300 平方英里
土地消耗量

*24,400 英里
每户驾驶里程

*159 亿加仑
每年油耗

*166,000 加仑
每户用水量

*$12,900
每户水电以及机动车费用

*2005 (现状)

5,600
SQ MI

27,200
MI

21.5
BILLION GALLONS

147,000
GALLONS

$22,000

土地利用类型比例
■ 蔓延式
■ 紧凑型
■ 城市

5
25
70

现有趋势

"现有趋势" 的未来继续着过去四十年的低密度郊区发展模式。这一未来情景中也很少有政策去解决碳排放或者建筑以及汽车的节能标准。

图 6

为了容纳到2050年新增的2050万人口（660万个家庭），加州政府研究了各种不同的土地利用以及交通模式的影响。

人口增长	
2010	39,000,000
2050	60,000,000

户数增长	
2010	13,200,000
2050	19,800,000

差异

83
百万吨

76%
的削减，同时人口增加1.6%

1,850
平方英里

面积相当于整个
罗德岛
再加上德拉维尔

18,000
英里

相当于到2050年为道路削减了
650万
辆车的负担

6.5
亿加仑

45年内节约
3500亿
加仑燃油，相当于美国五年的石油进口量

66,000
亿加仑

45年内节约
9400万
英亩-英尺用水，相当于湾区十五倍的含水量

$11,100

每年每户节约
$11,000
可以用于启动$240,000美金的贷款
（10%本金，5%的利率）

绿色未来

"绿色城市"的未来拥有更多紧凑、适宜步行性并且备有公交服务的开发。同时建筑节能型将提高70%而小汽车能耗效率将达到55英里每加仑，绿色电力的比例达到50%——这些正在被加州政府考虑纳入加州的法律之中。

10
35
55

图 7

于他们，城市是阻碍人类亲近自然的障碍。城市被定型成了美国的贫民窟，里面充满了罪恶，毁坏着土地、社区以及人性。在这样一种成见下，中产阶级们纷纷外迁，躲进了郊外单栋独户的封闭楼盘里。从而，在过去的50年里，城市规划都在通过欧洲卫星城或者美国郊区的模式将人口迁出城市。

然而，对于其他很多人而言，城市意味着经济发展的契机，意味着文化振兴，意味着创新，意味着社区的重塑。这一对于城市的正面解读在很多复兴的历史老城中得到了应验。在这些复兴的城区，公园、适宜步行的街道、商业中心、文化艺术场馆，等等一起构成了丰富的公共空间，使得整个区域重新变得活跃，有价值，且令人向往。市中心出现了生机和活力，从路边的咖啡馆到广场、公园和博物馆——人们逐步回到了城市。

事实上，从2000年起，很多主要城市的中心区渐渐增加了新的建设活动，而这些区域的郊区建设强度正在减缓。举例而说，在2008年，在波特兰市市区的建设工程许可证占据了整个区域发放记录的38%，而这一比例在20世纪90年代早期才为9%；丹佛市的这一比例则从5%上升到了32%；加州首府萨克拉门托从9%上升到了27%。这一城区重建的势头在大的城市辖区里更为明显。纽约市的建设工程许可证发放占据了整个区域的63%，而这一比例在90年代早期为15%[13]。同样，芝加哥则从7%上升到了45%。这一趋势向我们展示了，如今城市正在复兴，重新成为创新产业、社会交融以及经济复苏的中心。

这样的城市主义的确令人向往，然而却因为稀缺而格外昂贵。处于市中心的一套住房，在有些地区，有可能是整个区域最为昂贵的 —— 这一现象就是一个非常直白的经济信号，告诉我们好的城市空间是多么有市场。在纽约、波特兰、西雅图或者华盛顿特区等地方，市区住房单位面积较同一区域的郊区住房要贵40%到200%[14]。而在城市的贫民窟或者近郊区，贫困的工人阶级乃至于中产阶级都在挣扎着。城市主义再次证明了自身的价值，然而由于供给过少，而过于昂贵。

而与此同时，位于都市区外沿的郊区住房在2008年的房市崩盘中价值一落千丈[15]。郊区住房其自身设计决定的高额维护费用，稀缺的经济活力、通勤成本以及单一的社会结构在价格急跌的背景下使其居民更为不堪重负。对于这个危机，需要考虑很多社会和经济的因素，然而毋庸置疑的是，解除危机的思路中必须包含有一个对城市主义清晰的思考和定义。

人们对于郊区、蔓延和我说的城市主义这几个术语之间的区别，理解得不是很清晰。郊区并不一定就意味着蔓延，郊区中也可以有城市的特质。而蔓延，是特指单一用途的土地利用形式，往往是由独立的住宅分区、独立办公园区和独立大型购物中心通过主干道和高速公路串联而成。这是一种汽车主宰的景观。当人们看到它时都能认识到蔓延的存在；然而，关于蔓延与城市主义的辩论中仍然时时可见歪曲误述。

例如，蔓延常常被描述成用地不连续、蛙跳式布局的开发模式。然而健康的郊区发展模式也可以是不连续的，很多由绿带分离的小城镇就是很好的例子；郊区的低密度开发也经常遭人诟病，仿佛人们应该完全地将单栋独户的住宅剔除掉。其实这是没有必要的，因为很多好的城区都容纳有各种密度的开发：从大地块的庄园豪宅，到单栋独户住宅，到平顶房和联排屋。20世纪初，因电车的引入而兴起的郊区就根本不属于蔓延——因为它们非常适宜步行、土地利用类型丰富、用地紧凑，并以公交（电车）为导向引导开发——尽管他们相对密度较低且位于市中心外围。相反的，美国的城市更新运动把高密度版本的蔓延引入了衰落的市中心，用宽阔的大马路替代了适于步行的街道，用单一利用类型、单一居民背景的项目取代了原本丰富多样的社区，这样的案例虽然密度高，却属于蔓延的范畴。

蔓延最为重要的特质在于其所创造的场地的质量：毫无生气而连片的停车场、过宽的马路、千篇一律的住宅、独立单一的办公园，及其对于私人小汽车的全盘依赖。消灭蔓延并非要消灭郊区或小镇。并非所有的郊区都是蔓延，而不是所有的蔓延都发生在郊区。

传统的城市主义有着三个基本特质：（1）多样化的人口和活动；（2）丰富的公共空间和公共机构；（3）人本尺度的建筑、街道与社区。在二战之前，美国大多数的建成环境，无论是郊区还是城市，都拥有这样的特质。而现在，大多数的郊区都抛弃了这三个特质；公共空间缺乏投资而衰退，人口和社会活动因为单一的土地利用规划而被分割，对汽车的关注取代了人本尺度。

本书所倡导的城市设计并非新生产物。简·雅各布斯（Jane Jacob）在她1961年的著作《美国大城市的死与生》里面对城市主义做了类似的阐述。而本书的不同之处是在气候变化与环境保护的大背景下来讨论城市问题。事实上，无论是从资源保护、环境质量以及能源效率的角度出发，还是像简·雅各布斯那样从社会与文化需求入手，最终的设计选择都是一样的。只是将环保等科技因素考虑进去后，对气候变化这一大背景的考虑为简·雅各布斯的设计理念增添了一个关键元素。如果传统城市主义与可持续发展能够降低我们对进口原油的依赖、节能减排，并营造活跃的社交场所，那么他们不仅仅会受人瞩目，而是将成为一种必然。

在雅各布斯对于公共空间、人本尺度以及多样性这三个传统城市价值的基础上，当前对于环境的考虑增添了两个元素：节能保育和区域性。尽管传统城市本身在资源与能耗上就是高效的，但其对于自然与栖息地不加辨析的侵占，在今天的角度来看显然是不合适的。海湾被填埋，湿地被抽干，江河溪流改道，重要的栖息地被破坏。一个绿色的城市主义应该在降低能源消耗的同时保护这些关键的环境资源。

事实上，城市主义的一些简单属性比起林林总总的可再生能源技术更为经济有效。举几个简单的例子，在很多气候区，一面共用隔墙会比太阳能收集器更能有效地降低供暖的需求；合理布局的窗户和架高的顶棚比办公室的节能灯更能提供理想的照明；步行或者自行车肯定比一辆混合动力汽车更经济节能，哪怕混合动力车可以达到50英里每加仑的油耗；一条便捷的公交线比起一个"智能"高速公路来，会是一个更好的投资；一个循环利用本地余热的热电联产发电厂会比遥远的风力发电厂更为经济节能。城市主义需要和各种绿色科技共同作用，但是城市主义的效率是必然超越可替代能源科技的成本。正如落基山研究院（Rocky Mountain Institution）的阿莫里·洛文斯（Amory Lovins）所倡导的：节约下来的一瓦特电总是比新能源产生的一瓦特电具有更高的成本效益。丰富的城市生活本身就是一种理想的节约。

此外，城市设计中关于节能保育的概念应该不仅仅局限于能源、碳排放和环境，而应该涵盖对文化、历史遗迹生态系统和资源的保护。保护历史建筑、机构和文化与生态一样，对于一个活跃的城市主义有着同等重要的意义。

另一个元素，区域性，将城市和社区放入了不断扩张的区域格局之中。如今，我们的经济、社会以及环境网络都已经远远超越了单个社区甚至城市的范畴。我们的文化个性、开放空间资源、交通网络、社会联系，以及经济机遇等都是在区域尺度上运作的——正如我们面临的很多困难一样，包括犯罪、污染以及拥堵。核心的公共基础设施，例如体育场馆、大学、机场以及文化机构等在塑造区域的社会地理格局的同时，也在不断地拓展我们的生活范围。

现代人的生活已经区域化了，因此我们的大都市形态以及管理都需要反映这一新的现实。事实上，城市主义只有在健康的区域构架的基础上才能蓬勃发展。城市主义必须跳出老城+郊区的固有模式，而发展一个相互联系、相互依靠的区域构架，形成多级多中心的大都市区。

上述这一点对于理解城市主义和气候变化的挑战至关重要。居住在城市并非环保唯一的选择；从区域的层面着手，我们能够拥有一系列生活方式和社区类型供选择，同时还能不牺牲环境。一个精心设计的区域，配备以激进的环保策略、完善的公交体系以及绿色科技，能够为我们提供各种各样的绿色生活方式。代表着大都市的纽约市也许拥有全美最低的人均碳排放值，但是这并不意味着我们所有人都要住到城里去[16]。

在科技、城市设计和区域体系这几种手段中寻找一个平衡配比来应对气候变化是一个关键的挑战。随着世界上越来越多的人在物质上变得越来越富有，如何定义繁荣将对未来有深远影响。如果繁荣与进步被诠释成了美国旧式的郊区生活方式，那我们都将大难临头；如果中国和印度这两个人口大国都照搬美国的模式——以汽车为导向的低密度开发，或者是高层高密度却保持以汽车为导向的开发——那我们就真正需要祈祷能源上有突破性的科研成果问世来满足这一巨大需求。或者，中国和印度等发展中大国能够从我们的错误中醒悟，发展出适宜于本土的城市主义，那我们就不用完全仰仗新科技出现来瞬间解决气候问题，而是经济有效地应对挑战。

事实上，很多发展中国家正在迅速地逼近城市主义的一个转折点。随着私人小汽车拥有量的攀升，其配套的基础设施也在扩张，起初还较为缓和，接着就一发不可收拾了。停车场、低密度开发、高速公路以及购物城的这一连串逻辑在发展中国家魅力难挡。由于汽车能够使遥远的目的地变得可及，过去的城市密度与城市主义就开始遭到侵蚀，而单一土地利用的低密度开发也开始跃跃欲试了。以汽车为导向的开发势头难以回转——而城市文化也在这一变化中消逝。传统的城市景观与社区正在以惊人的速度遭到破坏，取而代之的是我们所谓的现代生活。当然，我们不可能过分浪漫的将历史老城那复杂而有韵味的肌理，例如中国北京的胡同，完全复制照搬，但是至少，我们可以从中学习。

在美国（以及很多发展中国家在不远的将来），能源与碳排放的问题核心在于交通，它不但占据了全美温室气体排放的三分之一，而且其排放量增长速度也是所有部门之首[17]。随着工业朝着节能化的方向迈进，而经济也朝着信息化方向发展（从而碳排放减少），交通在碳排放问题上显得越发突出。

道理其实很简单，我们越是蔓延式的开发，我们越得开车。真实的数据还是非常惊人的。从1980~2005年，美国人均驾驶里程数增加了50%，这一增长可以和同时期20%的人均土地占有量的增加挂钩[18]。与其形成对比的是，俄勒冈州的波特兰市一直在区域尺度上致力于公共交通发展与适宜步行的社区构建，自20世纪90年代中期开始，其人均驾驶里程数逐年下降[19]。与此同时，波特兰市还保护了大量农田，并为其市民提供了更为丰富的住房选择。倘若没有这样的区域性措施，即使将汽车能耗效率提高一倍也无法抵消蔓延所带来的汽车出行需求。不改变我们的出行行为，我们就无法解决碳排放问题，而要改变我们的出行行为，现有以汽车为主导的社区就必须改变。

值得庆幸的是，真正好的城区同时也是最为自然的人类居所，是绿色未来的核心。城市所产生的人均碳足迹是最小的[20]。以纽约市为例，其人均温室气体排放量不到全美平均水平的三分之一[21]。此外，随着发展中国家农村人口不断的城市化，其人口增长速度也会放缓。因此城市主义不但能够在全球使人口减少，还能使人均温室气体排放降低。城市主义是一剂针对气候变化的抗生素，是美国对于削减进口原油依赖最为经济的措施。它是我们对抗气候变化、原油价格上涨以及环境恶化最为有效的武器。

无论问题有多么紧迫，例如气候变化或者能源峰值，我们的小镇、城市和区域不能完全围绕着解决单一问题而塑造。城市设计涉及艺术、社会科学、政治理论、工程、地理以及经济。我相信城市设计应该包含上述所有，而绝不能简单地归于一个单一方面。最终，城市之伟大在于其质量，它们最终是由其公共空间的连续性、其人口的多样性，以及它们为人类心灵提升所创造的机会而决定的。我们绝不会仅仅因为城市是低碳节能的，或者有经济发展的机遇而珍惜它们，我们只有热爱城市这片热土，将其视为文化特性的载体，视为社会交往的舞台，视为记载我们思路历程的场所时，我们才会珍惜他们。当然，这并不意味着城市就不应该积极地为应对气候变化而出力。

城市主义与绿色科技

在20世纪70年代，我参与到了被动式太阳能建筑运动。其核心思想就是为建筑以最为直接和优雅的方式供能。我们对于复杂的"主动式太阳能"系统及其高昂的造价和维护费用嗤之以鼻。被动式太阳能设计的第一步是引入紧凑、隔热效果好且自然采光充足的结构来降低能源需求，然后通过调整建筑布局配合太阳热辐射以及夜晚的凉风来达到自然通风的目的。这一设计方法和逻辑也应该被采纳到应对气候变化的挑战之中：在采用复杂的绿色科技手段之前，我们应优先考虑那些简单、优雅，并且基于降低能源需求为目的的方法。

我们需要关注结果，而不是手段。比如说，被动式太阳能建筑关注于结果（提供舒适体感温度），而并非手段（改变空气温度），这一思路转变极大地改变了整个设计方法。设计师发现人们的舒适体感更多的是与周围物体表面温度有关，而非室内空气的温度，因此，安装能够吸收并缓慢储存太阳光热量的大体量墙体就可以在没有暖气的情况下营造舒适的体感环境。或者说，如果照明是目的，那么电灯只是手段之一；有充足自然采光的建筑则不失为一种更为简单、优雅的手段——甚至比通过复杂的风能发电厂为家用电器供电更有效。同理，交通的目的在于到达目的地，而并非目的地之间的移动；移动只是一个手段，而非目的。因此，与其召集一队电动机车并占用大片土地安装太阳能板为这些电动车供能来让人们在目的地间移动，还不如把目的地间的距离缩短，简单而优雅。我们可以称其为"被动式城市主义"（针对被动式太阳能设计而言）。

当这种"无源城市主义"把能源需求降低之后，下一步就可以引入绿色科技手段了。绿色城市主义是将传统城市主义的精华搭配以可再生能源、高科技节能技术、绿色科技以及综合性基础设施后的结晶。所有城市主义的附加效益都可以通过新一代的生态设计、智能电网系统、环境响应型建筑、电动车或者新一代的公交系统等手段来放大。

这些科技手段的作用方式和尺度都是不一样的。尺度上就有三类：建筑尺度、社区尺度以及基础设施尺度。建筑尺度的科技手段具有普适性；它们可以在任何开发形式中使用，可以是传统城市也可以是以汽车为导向的城市蔓延。很显然，更有效的建筑绝缘材料、房屋防寒保暖措施以及节能电器、太阳能热水器等都可以用于郊区的单栋独户型住宅，也可以用于城区的联排屋。尽管大型、不节能的建筑需要耗费更多成本实现"绿化"，这些翻新改进工作以及新设立的建筑标准是我们步入绿色未来所需要迈出的第一步——但不是最终的措施。

与建筑尺度科技相对的是基础设施尺度的系统（风力、太阳能发电厂等）。而大规模地将可再生能源从遥远的地方运送到各个城区将会需要我们建设大规模的输送系统，例如"智能电网"，其对于将能源从自然资源收集地（风力、太阳能或者地热发电厂）运送到城市是必要的，然而其附带有高额的成本，同时输送过程中的能源损失也使其效率降低。这些运送系统所产生的费用使得可再生能源系统的成本进一步增加。与此同时，大型风能、太阳能系统会对环境产生较大影响，它们往往需要占据大面积土地。

那建造大型可再生能源设施的真正需求是什么呢？这取决于我们规划的社区类型和建造方法。一个美国单栋独户住房在交通、空调以及其他电器用电的平均总量大约不到四亿个英热单位（British Thermal Units）（这里面还包含了平时计算中时常遗漏的汽车本身所含能量、提炼和供应汽油所需的能量以及供应电能所耗费的能量）。假设这个家庭采用了一些绿色技术改进了自家住房，使能耗下降了30%，同时购买了一辆油耗性能提升50%的汽车，那么总体节能是32%——对于"绿色的蔓延"来说已经很不错了。相比起来，一个坐落在适宜步行的社区里的联排屋（不一定是市中心，只要近公交即可），在没有任何类似于太阳能板或者节能汽车等绿色技术存在的情况下，其能源消耗就已经比郊区的单栋独户住房要节能38%。传统的城市主义，哪怕没有任何的绿色科技，也比"绿色的蔓延"要好。

继续在上述联排屋的基础上增加建筑节能措施、绿色科技，配备更好的公交系统，那么我们距离给2050年定下的目标就很近了。如果你搬到一个有良好公交服务的小镇里的联排屋，那你的能耗将比在郊区大地块的房屋里少58%；而如果你搬到城市中的绿色公寓之中，能耗节约将进一步升至73%。

这对于我们电网的启示是很大的。如果更多的家庭能够选择这样的生活方式——比如说四分之一居住于单栋单户住宅的家庭搬入绿色的联排屋——那么全美每年将节约超过25000兆瓦的电能，这相当于50个新的500兆瓦电站的供电量[22]。如果按照每兆瓦供应能力130万美元的基础设施投资计算，这相当于每年节约320亿美元的发电厂投资[23]。免建发电厂带来的燃油消耗以及环境影响的减少还未算入其中。

我们一共有三种相互关联的途径来解决气候问题：生活方式、保护以及洁净能源。生活方式涉及到我们如何生活：驾驶的里程、住房的大小、消耗的食物以及物品；这些都和我们建造的社区以及文化相关——也就与城市主义相关。

保护涉及到效率：我们的房屋、车辆、电气以及工业体系的效率。

第三个途径包括新的太阳能、风能、潮汐能、地热、生物能、核能或者核聚变等科技。这三个途径就好像果园里低垂的果实，伸手可及。

图 8

汽车的使用也是同样的道理。如果按照伟景加州项目中的"现有趋势"的假设来计算加州对于小汽车出行的需求，那么到2050年，相比其他更为节能的未来，加州每年要多增加1830亿英里的驾驶里程数。有些人认为，如果我们都换成电动车，用绿色电能，那碳排放的问题就解决了。然而，要提供那么多的绿色电能有一个潜在的障碍：这一交通量需要占地5万英亩的高效太阳能热电厂，或者13万英亩的太阳能板，或者占地面积86万英亩的风能发电厂（相当于旧金山市区面积的30倍）来供电[24]。这么大规模的发电厂，无论放在哪里都会对环境产生巨大影响。非常讽刺的是，这种绿色科技解决方法所面临的最大障碍，来自于环保主义者自己，他们反对沙漠景观的消失、反对风能电厂对于鸟类的影响，有的甚至对地平线上看到风能发电机都感到反感。

在绿色科技作用的三个尺度中，城市主义更适合分散的社区尺度能源体系。事实上，有一些重要的社区尺度系统只能在城市框架下才能作用。其中最为重要的科技手段是分散的热电联产发电厂（Combined Heat and Power, CHP），这些小规模的发电厂结合地区的供热和冷气系统可以收集发电机以及工业建筑的余热并重新利用。如今，输送到家庭中的每一瓦特电能都有三分之二以余热的形式损失[25]。而地区性的热电联产系统可以消除这一损耗。余热将被收集重利用而输送损耗也会大大降低。也正因如此，热电联产系统的预测效率达到了90%，而标准的发电厂才达到40%。

热电联产系统不仅经济、适宜城市环境，其功效同时也经过了相当长的实践证明——在大学校园以及欧洲的新城中已经运作了几十年。在那些地方，热电联产发电厂临近紧凑的社区和商业中心布局，将收集到的余热通过地下管道输送到千家万户，用于热水、制冷和暖气。这些发电厂基本上能够燃烧任何形式的可再生生物质（renewable biomass），从而免去了将农作物转换成生物燃料的过程。而新一代的"废物转能"（waste to energy）科技不但能够生产绿色能源，同时还可以免除垃圾处理系统中附带的垃圾填埋以及运输费用问题。

热电联产系统在商业设施中的使用比较普遍，余热在发电厂收集并应用到商业设施中，同时发电量与用电量保持平衡。据估计，仅在工业部门"热电联产的潜力就相当于全美国火力发电量的40%"[26]。如果把这一系统应用到城市，潜力会更显著。

加州首府萨克拉门托于1970年代在其商业中心区建造了一个热电联产发电厂，这个系统通过燃烧塞拉山上虫灾致死的枯树供能，由于其完全依赖于生物质，整个发电厂实现了零碳发电。此外，其效率也比常规发电厂效率高出一倍，区域中所有州政府办公室的暖气空调都来自于系统中的余热再利用。而热电联产系统的高效率也离不开城市的开发密度以及土地利用的混合。这样的系统在蔓延的建成环境下是无法有效运作的，因为将余热输送到零散布置的房屋将会大大增加成本。在土地利用混合的城区中，可以非常便利地通过热电联产系统来满足自身能源需求、降低水电费用和对环境的负面影响，并轻松地实现零排放社区。

同样，将分散型的社区基础设施策略应用到污水系统中也可以收到成效。污水系统可以将废水分离成灌溉用水、可利用生物质以及甲烷用于烹饪。类似的灰水循环系统、耐旱植被以及本土植被都可以降低用水需求。雨水收集系统可以分散到社区尺度的公园体系中，融合成景观特色。与其人工疏导河流防洪，不如在水系两岸设定退让保护区，从而达到保留动植物栖息地、防洪与提供亲水设计的三重功效。从能源角度来说，社区尺度的雨水/污水系统可以很好地结合起来从而节约成本、减少排放并增加宜居性。

公共交通：最绿色的科技

诚然，公共交通系统是与城市主义关系最为密切的社区尺度系统。很早以前，大家就认识到公交乘坐率与城市主义的密度相互关联，但两者的关系远远不止于此。公交系统成功的关键不仅是密度，同时还需要适宜步行的环境以及混合利用——也就是真正意义的城市。如果人们不能步行到达公交车站，那很可能的结果就是人们不会使用公交。相反，倘若人们可以便捷地抵达公交车站，并顺路能购买柴米油盐等日常所需，那公交就会受欢迎。欧洲的数据显示步行以及自行车出行的比例总是超过公交车出行（时常高出一到两倍[27]）。在英国，步行占据了出行模式的30%（公交出行占9%），瑞典的步行和自行车出行在出行模式中占34%（公交11%[28]）。公交能够辅助步行，并将步行可达范围扩展；公交依赖于步行，而不是步行依赖于公交。对于小汽车以及行车环境最主要的替代途径就是步行环境以及支持公交系统的城市主义。

好的公交系统有很多层级，从普通公交车到快速公交系统和电车，从轻轨到地铁和通勤用的市郊列车（commuter train）。不同层级的公交互相补给、互相强化，它们的效率都依赖于适于步行的城市主义，因为每一次公交出行皆始于步行，又终于步行。从步行到公交，以及公交之间换乘的感受和质量是取代小汽车出行的关键之所在，同时也是城市主义所提供的最为绿色的科技。

公共交通、城市主义、出行行为，以及碳排放之间的关系错综复杂，但是可以通过一个度量值来总结——车英里数（Vehicle Miles Traveled, VMT）——简单而言，就是我们驾驶的总路程。这一数值取决于我们驾驶出行的次数和距离，以及出行模式分担率（modal split）——各类出行方式在总体出行次数中的比例。每一个家庭，根据其区位、收入、家庭大小的不同会有一个年均车英里数，结合不同的汽车的环保技术，就可以计算出这个家庭的碳足迹。

很多因素会影响车英里数，同时也有很多交通模型来模拟不同的行为和情景。例如，公交、小汽车以及步行等出行模式分担率会受到区位、公交服务水平以及街道的适宜步行程度影响；每种出行的平均距离受到土地利用形式以及目的地的紧凑程度影响；每日出行次数受家庭大小影响；小汽车拥有量则受到家庭收入和大小影响（更多的参数讨论见第六章）。这些变量中最为重要的是城市主义的步行与公交机遇、紧凑的开发形式，以及使得目的地更为接近的土地利用形式。

将每户车英里数的平均值在一个区域的数值图像化以后，场地对于出行行为的影响力就显现出来了。尽管平均值这一指标存在过分简化问题的缺陷，但是同一个区域的不同建成环境所体现出的出行行为的巨大差异还是非常值得我们关注的。例如，在旧金山湾区，住在俄罗斯山（Russian Hill）的普通居民每年平均车英里数为7300英里，这一地区平均建筑层数只有三层，但是按郊区的标准而言，开发密度很大，商铺、饭店以及服务设施丰富且步行可及，和旧金山市中心有便捷的公交联系。俄罗斯山社区的步行得分（Walking score）高达98分，几乎满分（步行得分是一种按照研究地点和不同种类的设施距离给分的算法，用以计算步行的便捷程度）。

另一个社区是位于奥克兰市（Oakland）的洛克里奇（Rockridge），它是二战前由于兴建核心电车线（Key Route Trolley）系统而兴建的郊区（这个电车系统一直服务于整个湾区直至1948年）。洛克里奇社区的房屋主要是平房以及小地块的单栋独户住宅，在街角位置往往布局有小的公寓楼，业态丰富的商业老街（Main Street）沿着BART地铁线穿过这个社区（BART: Bay Area Rapid Transit, 湾区快速公交系统）。洛克里奇社区平均每户每年驾驶里程数为12200英里，步行得分为74。

我们再来看看同属于湾区的圣拉蒙（San Ramon），这一社区位于湾区东部，开发密度低，没有公交连接，开发模式属于典型的蔓延，社区主要由单栋独户住宅、大型商业mall、办公园区以及主干道构成。这里户均每年车英里数为30000英里，步行得分为46[29]。

因此，在湾区这一个区域的三种不同社区，居民出行行为所产生的碳排放就可以达到四倍的差距（Russian Hill 每户每年VMT7300英里，而San Ramon每户每年30000英里）。这些社区的开发密度、业态混合度、可步行性、与就业中心的距离，以及公交服务程度都有差异。Russian Hill的平均密度是每英亩62户，而每平方英尺的房价为555美元；在Rockridge，平均密度为每英亩15户，每平方英尺房价为420美元；而在San Ramon这一高档郊区，平均密度为每英亩3.4户，每平方英尺房价为320美元[30]。从这些数据不难看出，市场已经告诉我们越是适宜步行的地区，房屋价值越高；除此之外，还可以节能减排。在2009年的一项研究中发现，在旧金山或者芝加哥这样的城市，一个住房单元从适宜步行程度为50%百分位的社区转移到

社区 的对比

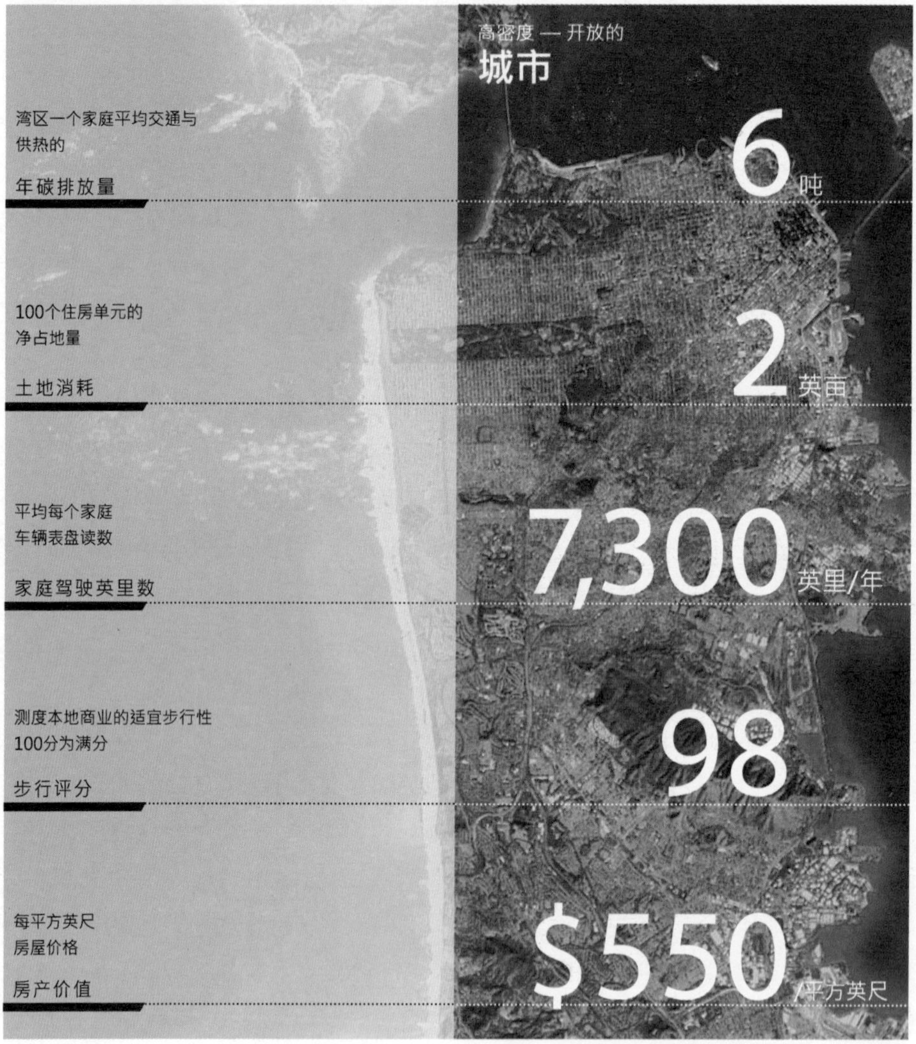

高密度 — 开放的
城市

湾区一个家庭平均交通与
供热的

年碳排放量

6 吨

100个住房单元的
净占地量

土地消耗

2 英亩

平均每个家庭
车辆表盘读数

家庭驾驶英里数

7,300 英里/年

测度本地商业的适宜步行性
100分为满分

步行评分

98

每平方英尺
房屋价格

房产价值

$550 /平方英尺

俄罗斯山(Russian Hill)社区位于三藩市的市中心，虽然平均楼高只有三层但其密度还是比典型的郊区密度高，各类商铺、餐馆以及服务业云集，和商业区有便捷的公交联系。

图 4

都市区中不同的城市生活方式在环境和生态上的影响迥异。一个人居住的地点决定了土地的开发量，基础设施建设量以及每年的小汽车使用量、步行频率，并且在很多情况下还决定了你的住房费用。下图展示了湾区三个中产阶级社区所表现出的巨大差异。

混合使用 - 多户家庭
紧凑型

10 吨

7 英亩

12,200 英里/年

74

$420 /平方英尺

低密度 - 单户家庭
蔓延

21 吨

30 英亩

30,000 英亩/年

46

$320 /平方英尺

NASA/Goddard Space Flight Center Scientific Visualization Studio

奥克兰市的洛克里奇(Rockridge)社区是早年因电车系统的修建而兴起的郊区。社区主要由小地块的单户平房构成，在街角布局有公寓。其社区中心有一条非常适宜步行的商业老街，区域轻轨系统也在此设置了站点。

位于湾区东部的圣拉蒙(San Ramon)社区就属于典型的蔓延式郊区开发：低密度的单栋独户住宅分区、沿线布局了大体量商店的宽马路、单层的购物中心以及大型办公园区。

图5

适宜步行程度为75%百分位的社区以后，房价将上涨超过30000美元[31]。当然，这也告诉我们，如何在创造像Russian Hill以及Rockridge一样纯正、美丽、适宜步行的社区的同时保证房价在居民的经济可承受范围内，是我们面临的挑战。

所有这些社区尺度的系统——无论是电力、供水、污水系统或者公交——需要城市主义的配合才能有效：只有城市主义指引下建设的社区才能保证社区热电联产系统能有效地节能减排；密集开发并业态混合的开发能够提供生态供水、污水循环系统所需的开放空间、社区公园以及水源保护带；同时，公共交通系统更是需要城市主义所提供的密度来保证其有效运营。

需要强调的是，配合城市主义建设的这些区域尺度系统并不是用来取代工业生产的减排措施或是可再生能源的研究，也不是用来取代对于机动车的节能标准。只是说这些从供给方向出发的措施见效不够明显、不够快——而且费用高昂。只有在结合了城市主义以及区域尺度的绿色科技以后，才能有完善的解决措施。

上述的所有讨论，最终都归结成为两个简单的社区建造选择。其中一个选择就是继续我们现有的土地利用模式、建筑类型、生活习惯以及审美观。这种选择的结果可以这样描述：一个层高很低、窗户封闭无法随意开启、用日光灯照明的房间；这样的房间在一个六车道主干道和停车场后面的玻璃幕墙大楼里；这个大楼又位于一个住宅、购物中心、办公园区分隔设置并依靠高速公路连接的郊区内；而这个郊区位于一个市中心区衰落、近郊区正在挣扎、远郊区排外封闭、学校系统失效、公共服务缺乏资金扶助的都市区——这样的描述好像是一个偏袒的情景假设，然而，却是如此真实而普遍地存在于这个国家。

而另一个选择就涉及高质量的场所营造，这种选择的结果可以这样描述：一个高屋顶充满了自然光、凉风习习的房间；在一个沿街布置且内置庭院的楼房里；这个楼房是活跃的城市的一部分，在城市里有电车、公共广场、公园和文化生活区；这样的城市是一个大都市区的核心，周边星罗棋布了各类不同尺度的城镇，相互之间依靠公交系统连接，整个大都市区经济联通，文化以及社会活动频繁——这样的描述也好像是一个偏袒的情景假设，然而，它却真实地存在于美国个别大都市。

上述两种模式都是与经济、政策以及社会系统层层相扣的，每一种模式都不可以简单地分解而单独存在，而是相互依存、相互强化成一个"整体系统"。诚然，这两种极端的模式将会在未来同时存在，但问题是：以怎样的比例共存呢？

下一个章节将探讨我们到底能够在土地利用、科技以及场所营造上容忍多大的变化，并回望过去50年的城市形态，来向大家呈现其变化之巨——以及可能引导未来发展的几种趋势，再接下来讨论我们需要怎样的一个未来，实现这样的未来需要怎样的设计标准、政策、科技以及经济。

在过往的50年里，我们生活的空间形态和社会肌理发生了巨大的变化，而这些变化将深刻地影响我们的下一代。

第二章　50年的实验

50年前，我随着父母从伦敦搬到了美国佛罗里达州的科勒尔·盖布尔斯（Coral Gables）——就像《绿野仙踪》里的主人公多萝西一样，我发现新家是如此的绚丽多姿。科勒尔·盖布尔斯是伟大的规划理想家乔治·梅里克（George Merrick）的亲笔之作，整个小镇有如画家诺曼·洛克威尔（Norman Rockwell）的作品般动人。小的时候，我可以骑着自行车到小镇的任意一个地方，而学校则是咫尺之遥，我的朋友都是当地的小伙伴。到了六岁，我就开始了独立——不需要像现在的小孩子一样由大人组织好球赛或者活动来参加——绿树如茵的街道上，街角的小店旁，空地上，都是我们嬉戏的天堂。放学后，我们自己安排自己的游戏，和伙伴们开始一次又一次的探险，小小的我们有了自己的社交圈。而在过往的50年里，一切都改变了。爸爸妈妈都外出工作，街角小店不复存在，以往骑车很安全自在的街道已经难觅踪影，而对于孩童绑架事件的担忧使得小孩子们的童年在紧缩的大门中度过。

诚然，这些变化不仅仅只是由空间设计引起的，但我相信社区的空间形态和社会行为之间有着错综复杂的联系。从数据上来看，现在儿童绑架案件的发生比例和1950年代的一样，但是现在基本上不会再有家长会让孩子们在没有监护的情况下自己出去玩耍——哪怕是在公园里。50年前，小孩子们在野外玩耍、在铁路与河流边探险是再平常不过的事情，而现在的家长们却有着过多的担忧，邻里间往来越来越少，能经常在社区走动照顾社区的成年人越来越少。我们生活的空间形态和社会肌理发生了巨大的变化，而这些变化将深刻地影响我们的下一代。

二战后，美国经历了前所未有的繁荣。在短暂的时间里，我们从大萧条和战争快速过渡到了史无前例的财富与荣华。这一转变发生的背景是爆炸式的增长以及美国独有的郊区化新世界。众所周知的美国梦也就产生于20世纪五六十年代，这个我们大兴土木修建州际高速公路、完善郊区住宅分区、建造了第一个购物城，并且抛弃了城市的年代。这个时期，政府不但注资修建郊区的基础设施并为住房提供贷款，同时还通过联邦财政补贴项目出资来进行郊区的区划[1]。美国在国际上的形象和标记从此与汽车、郊区以及新鲜事物挂上了钩。

20世纪70年代的能源危机与经济萧条只是给郊区化的强劲发展带来了短暂的停歇，在80年代里根政府的引导下，婴儿潮的一代很快又回到了豪宅大车的生活。此时，一切关于伟大的城市空间与紧凑的城镇的记忆都渐渐模糊。但到了90年代，新的一代人开始有了转变，回归感性。在他们眼中，城市并不是那么丑恶，而曾经闪耀的郊区开始失去光芒。随着郊区蔓延式的发展，交通拥堵、犯罪、过高的房价，及其单调无趣却又庞大的面积都开始让人对郊区产生怀疑。人们曾经热爱过郊区，但已经不再支持建设更多的郊区。这个时候，两股力量同时产生，并从此开始了不懈的斗争：一个是提倡新增长模式的新城市主义，另一个是坚决反对任何本地发展的邻避（Not In My Back Yarders, NIMBY）。同时，婴儿潮一代人的孩子们开始长大并开始回到城市里，重新享受城市生活，为城市的复兴注入新的活力——雅皮士们诞生了（Yuppie, Young Urban Professional 居住在城市的职业年轻人）。而到了世纪之交，那些曾经离开城市眷恋郊区的婴儿潮一代也开始随着他们的雅皮士孩子们回到了城市。

如今，城市的地位在逐步上升，城区的价值在大多数都市区得到了增长。而位于城市外围第一圈层的近郊区以及远郊区则价值日渐回落，市场份额也在逐步减少。尽管如此，住宅开发商们在银行次贷的诱惑下一如既往地建造着郊区——直至2008年房地产市场的崩盘。

上面对于美国的匆匆描述确实很简单，但如果从中了解到自二战以来我们的社区以及文化发生的变化之大，就不难预料它们在接下来的50年里将会发生何等的变化。在过去的两代人里，体系的变动在社区本质以及形态上产生了很大转变。这些转变背后的每一个策动力——大规模文化意识调整、颠覆性的科技发明、人口结构的嬗变、新的经济结构以及深远的环境压力——其自身都是值得研究的大课题。在接下来的文字里，我将尝试提取关键要素来阐明这些策动力各自是如何影响我们开发建造城市与社区的。最后将会用数据来说明我们城市形态的多变性，以及我们现有开发模式与社会、经济以及环境需求严重脱节的现实——换句话说，我将为大家证明，我们对于城市开发模式的转变是多么的切实可行，同时又是多么的重要且迫在眉睫。

社会与物质空间

在过往的50年里，美国尝试了一种非常新型的社区形式：汽车郊区。我们从一个由村庄、小镇与城市组成的国家转变成了一个由郊区住宅小区、购物商城以及办公园区拼贴而成的国家。1950年的时候，全美只有23%的人口居住在郊区，现在这一数值达到了50%以上[2]。我们正在扩散开来。例如，从1970~1990年，芝加哥地区在地理面积上扩展了24%，而其总人口只增加了1%，而类似于底特律以及匹兹堡这样的城市，其城区面积扩张了超过25%以上，而总人口却下降了[3]。美国成为了一个车轮上的国家。从1960~2000年，我们人均每年车英里数增长了一倍[4]。我们进入了一个分散型的服务业经济，而非城市型产业经济。1970年，只有25%的就业岗位在郊区，到了2006年，这一数值增长到了69%[5]。而同时，年龄、收入、文化以及种族等因素使我们越来越相互隔离。所有这些社会变化都通过我们的开发模式在空间上体现了出来——郊区蔓延与城市衰落、消失的自然资源与遗忘的历史。

而当汽车郊区刚刚成为开发的普遍标准时，我们的社会结构开始了变化。最为显著的变化是，我们不再是一个主要由核心家庭构成的国家。如今，只有23%的美国家庭是夫妇加小孩的形式，而这23%的家庭中不到半数的家庭是仅仅依靠一份工作收入[6]。而最为普遍的家庭形式是由非婚姻关系的不同个体组成的家庭或者单亲家庭[7]。此外，在过去的50年里，参加工作的女性人数翻了三倍以上[8]，以往汽车郊区所需要的"居家母亲"式的社会基础已经不在了，而对于家政服务的需求则在增加。

随着电视剧《奥兹和哈里特的冒险》中所描述的美国1950年代理想家庭的解体，其他的变化也接踵而来：资本与劳动力的全球化，知识经济的统治性地位，衰落的自然环境，城市中心区持续的解体，不同收入人群在地理空间上的隔离，以及我们对于公共机构的信任危机等等。每天我们都能听到这类问题与挑战，却找寻不到一个全面的应对措施，没有一个对于未来的展望。对于这一空白，形形色色的政客们在两种手段中徘徊：要么寻找替罪羊（怪罪于移民或是庞大的政府机构），要么挖东墙补西墙（出台治标不治本的临时政策）。很多人对此选择了退出或者愤怒，退居到特殊利益集团或是私人的社区中求自保。

然而，这一退出自保的循环会不断的自我强化。我们在高质量的公共设施与社区服务上投入越少，我们就越需要退居到封闭社区和远郊——我们也就越会不相信政府。最为明显的例子莫过于在郊区的家庭竞争高质量学校的现象。富有的郊区才能为学校提供足够的运营资金，而城市里的学校因为公共资金越来越少而衰落，有条件的家庭纷纷搬出城市，剩下低收入家庭的孩子留守城里的学校。学校问题已经成为人们，哪怕是热爱城市生活的家庭，外迁至郊区的主要问题之一。随着中产家庭的离去，城市失去了急需的税收，投资减缩进一步加剧。最终，诸如此类的公共部门投资减缩逐渐形成了一个负面的循环。

哈佛大学社会学家罗伯特·帕特南（Robert Putnam）对公众退出公共部门的现象作了详细的记录。在他的著作《独自打保龄：美国社区的瓦解与复苏》（Bowling Alone: The Collapse and Revival of American Community）中，他总结道："20世纪的前面三分之二的时间里，一股强有力的浪潮推进着美国人的生活社区化，人们的生活与社区紧紧地联系在了一起，而若干年后——悄然无声并且毫无征兆的——这一浪潮掉头转向，我们被离岸流拉扯开来，并在20世纪的后三分之一的时间里与我们的

城市主义 的历史

美国梦的诞生

1950s

当我们建设州际高速公路、完善郊区居住区并抛弃了城市之时，人们所熟知的郊区美国梦就诞生了

150,700,000
人口
23
亿吨碳排放

建造州际公路系统

1960s

美国的特征以及国际形象与汽车、郊区以及任何新颖事物牢牢地系在了一起。同时，城市内的社会动乱也加剧了郊区化的趋势

178,500,000
人口
29
亿吨碳排放

能源危机

1970s

70年代的能源危机以及经济危机是我们过分依赖进口原油以及低密度土地利用模式问题所发出的第一个危险信号

203,200,000
人口
42
亿吨碳排放

SUV郊区

1980s

在里根执政期政策引导下，婴儿潮的一代美国人重归他们豪宅与大车SUV的生活。此时，曾经所有关于伟大城市以及可步行小镇的记忆都已模糊

226,500,000
人口
47
亿吨碳排放

峰回路转

1990s

新一代的美国人开始逆转潮流回归理智，雅皮士们重归城市，刺激了内城的复兴和投资热潮。新城市主义慢慢崛起，广泛宣传混合利用、适宜步行的开发模式

248,700,000
人口
50
亿吨碳排放

重返都市

2000s

21世纪之初，空巢的老年人随着年轻的一代也陆续回到了城市。在很多区域，城市的物业直到08年经济危机之前都在增值

281,409,000
人口
58
亿吨碳排放

蔓延的兴衰 50年强烈的变化重塑了美国大地。曾经由城市与紧凑城镇构成的国家变成了郊区住宅、办公园区以及购物城的随意拼贴。最近，部分城市与可步行的郊区卷土重来。同时，近郊住宅区与远郊的物业价值大幅缩减。尽管如此，开发商在银行贷款的无限诱惑下继续建造一个又一个的郊区，接着，08年房市崩盘。

图 9

社区分离。"[9] 所有社会生活指标都显示了我们社区参与度的下降：居民参与公共会议的次数越来越少，签署请愿书的次数越来越少，我们参与地方社团与组织的次数也越来越少[10]。无论是社会公益组织、工会，还是保龄球俱乐部或是社区组织，参与者人数的急剧下降已经到了让人担忧的程度。这一转变的趋势简单明了，而现象的原因解释却扑朔迷离。城市的衰落与郊区的蔓延到底是这一脱离公共生活现象的原因，还是结果？

我们不仅变成了一个事不关己的社会，一个只根据共同利益而划分的社会，我们还变成了一个经济隔离、极化的社会。在绝大多数的地区，郊区住宅小区都将贫困人口排挤到城市里，而将工人阶级分离在城市第一圈层的近郊，把富裕阶层隔离在远郊。我们可以称之为郊区的种族隔离。此外，曾经那些居民背景丰富多样的社区、那些医生与律师可以与低收入的工人和谐睦邻的社区随着中产阶级的外迁而纷纷瓦解。蔓延，反映了海啸式的社会格局变化与重新分布，同时也是城市空间的重大调整。

人口、健康与流动

在建筑领域，"形式追随功能"已成为现代主义设计的经典。而在城市主义中，对应的口号应该是"人口决定形式"。城市与社区的形式最终都是由人口趋势所决定的：年龄、家庭大小、收入以及文化等等。

以住房为例，在过去的40年里，非家庭的住户（基本上就是单身住户）的比重从18%上升到了32%，其中男性单身住户的数量增加了一倍。同时，夫妻并带小孩的家庭比例从44%下滑到了23%。在我们所有住户之中超过四分之三是没有小孩的（这也难怪美国的学校系统在艰难度日[11]）。房地产商所关注的是"空巢"一族的住房需求，他们还不需要进入养老院，同时也不再需要配有私人院子的郊区住宅。总体而言，美国人正走向独居的生活，户均人口从1960年的每户3.3人下降到了2000年的2.5[12]。这意味着，郊区的标准单栋独户住房曾经是合适的，可是如今，对于大多数美国人来说，已经不再匹配他们的生活方式了。

当我们的户均人口在下降的同时，讽刺的是，我们的住房面积却在增加。1950年，新建房屋的平均面积为980平方英尺，而现在却是2350平方英尺[13]。这一增长很明显是人们对于奢华生活的追求，但反观2008年的地产崩盘，这一增长就显示出不可持续性。此外，住房面积的增长同时还是与遥远的区位相挂钩的，因为人们已经习惯于长距离通勤来寻找面积更大价格合适的住房。从能源的角度来看，房屋的大小与出勤的距离直接与碳排放、环境负面影响以及家庭开支成正比。从生活开支的角度而言，远距离的通勤所增加的费用往往超过了远郊住房在房价上的节余，这一点上，似乎我们的购房者与提供贷款的银行都看不到。

我们与汽车的关系也发生了类似的大转变。在1960年代，我们平均每户一辆汽车，而这一数值在1970年迅猛增加，到如今已经达到每户1.9辆汽车[14]。在60年代，仅有2.5%的家庭拥有三辆汽车，如今已经达到17%[15]。五分之一的家庭在1960年没有汽车，而这一数值已经下滑到了十分之一[16]。尽管美国从来未能成为公共交通或是步行的典范型国家，但是至少在1960年，除了心爱的雪佛兰以及福特汽车，我们还有电车可用，每年平均每户车英里数只是11100，而如今却达到了24000英里[17]。这些现象下面的原因并不神秘：当我们分散而居并且越来越依赖于小汽车时，我们的家庭开支就攀升，日常生活也随之变化了。

对于小汽车的依赖还给我们带来了一个意想不到的副作用：健康问题。我们走路越来越少了，开车排放了越来越多的尾气，交通事故也日渐增多。在过去的50年里，每年全国车英里数从7180亿增加到了3万亿[18]。尽管我们在车辆安全设计以及尾气排放技术上有了很大的进步，但是空气污染与交通事故是与我们的车英里数挂钩的。一项2000年的研究显示，有4万起非自然死亡事件与500~800亿美元的医疗费用是因为机动车尾气排放相关的空气污染造成的[19]。严格的排放标准可以部分地缓解尾气排放，但是空气污染依旧是我们所面临的问题。美国很多大都市区仍旧在为达到空气质量标准挣扎着。事实上，美国有超过半数的人口居住在美国环保署（EPA）检测空气质量不达标的县[20]。

在过去的几十年里，由于更为安全的汽车设计，每驾驶一英里的交通事故次数下降了，但是由于车英里数的增长速率高于汽车安全设计的进步水平，人均交通事故数仍然呈上升趋势[21]。如今，每年交通事故相关的死亡人数达到4万，受伤人数为250万[22]，由此造成的医疗费用达1640亿美元[23]。而有意思的是，交通伤亡率最高的地区并非城市，而是在远郊[24]。与我们十一点新闻所报道的内容相反的是，当你把交通死亡人数与犯罪率一起考虑，平均起来住在城市比住在郊区更为安全。

如今的美国已经是肥胖以及与肥胖相关的糖尿病的重灾区。疾病控制与预防中心（The Center for Disease Control and Prevention, CDC）预测我国每年有20~30万的非自然死亡是与肥胖相关的[25]。这一病情的病因很多，但最为主要的还是饮食以及驾驶引起的缺乏锻炼。从1977~1995年，美国人的日均步行总量下降了42个百分点而机动车使用率的增长是人口增长的三倍[26]。有些研究直接将适宜步行的社区与低肥胖率和高频率的身体锻炼联系起来[27]。这一事实是如此明显，以至于疾病控制与预防中心已经发出呼吁，期望通过加强公共交通联系与土地利用混合开发并增加对于步行与自行车基础设施的投资来对抗肥胖病[28]。空气污染、交通事故、肥胖，这些负面影响提醒我们，反观美国过往50年的汽车郊区历程，我们不能仅仅只用燃油与道路建设来衡量，还需要考虑到对于我们基本健康的影响。

家庭的变迁

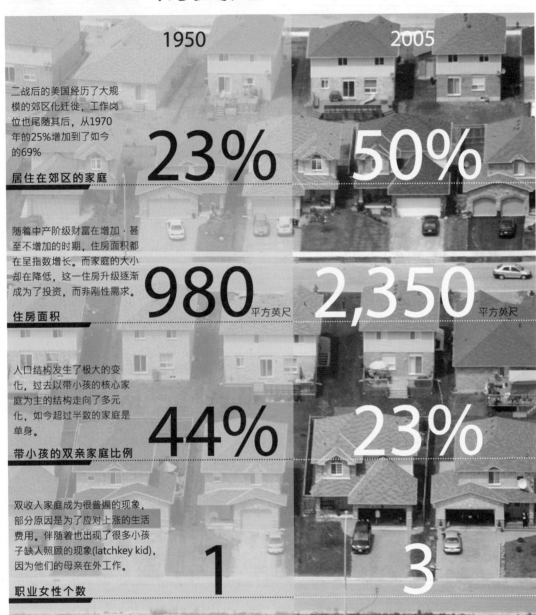

1950　　　　　　　　　　2005

二战后的美国经历了大规模的郊区化迁徙，工作岗位也尾随其后，从1970年的25%增加到了如今的69%

23%　　　　**50%**

居住在郊区的家庭

随着中产阶级财富在增加，甚至不增加的时期，住房面积都在呈指数增长。而家庭的大小却在降低，这一住房升级逐渐成为了投资，而非刚性需求。

980 平方英尺　　**2,350** 平方英尺

住房面积

人口结构发生了极大的变化，过去以带小孩的核心家庭为主的结构走向了多元化，如今超过半数的家庭是单身。

44%　　　　**23%**

带小孩的双亲家庭比例

双收入家庭成为很普遍的现象，部分原因是为了应对上涨的生活费用。伴随着也出现了很多小孩子缺人照顾的现象(latchkey kid)，因为他们的母亲在外工作。

1　　　　**3**

职业女性个数

20世纪50年代开始，美国从一个乡村、小镇和城市组成的国家变成了郊区住宅、购物城与办公园区的国家。这样带来的结果是我们不断的向外扩散；举例来说，纽约地区从1960~1985年地域面积扩张了65%而人口只增加了8%，在克利夫兰，地域面积扩增了33%而人口却下降了8%。总体上，我们越来越走向独居，家庭大小从1960年的3.3人/户降到了2005年的2.6人/户。

图 10

交通 的变迁

1960   2005

在60年代，仅有2%的家庭拥有三辆车，如今却升至17%；而60年代有五分之一的家庭没有车，如今这一比例只有10%。

每户家庭小汽车拥有量

1.0   **1.9**

根据AAA的研究，购买和养护一辆新车的成本是8000美金，这笔钱可以启动15万美金的贷款

占收入的百分比

13%   **19%**

这一平均数包括了不同的汽车使用者，从而掩盖了极端情况，城市使用者往往只用8000英里一年，而郊区居民常常超过30000英里

每户家庭里程数

11,100 英里/年   **24,300** 英里/年

联邦对于高速公路的建设拨款刺激了蔓延式开发和汽车的使用

城市道路长度

430,000 英里   **1,009,000** 英里

以汽车为基础的城市发展给我们带来了很多弊端以及好处；虽然美国从来都不是公交或者步行的典范，但在二战刚刚结束的时候，我们拥有电车的同时也有雪佛兰和福特，我们汽车的使用量只有现在的一半，交通上的支出很少，而空气也很清新。

图 11

经济转型

除了公众健康、人口以及社会转变以外，在过去两代美国人里，经济和科技的转型也相当深刻。在1958年，我们45%的岗位是基础工业，而如今只有22%[29]，同时白领岗位从42%上升到了61%[30]，一个数字化经济时代慢慢浮现，白领成为了主力军。这一转变给经济缺乏多样性的地区带来了沉重的打击，例如密歇根州的底特律以及俄亥俄州的亚克朗市，同时影响了蓝领中产阶级的收入与生活方式，以及他们能够负担的社区。

这一经济转型在土地利用上就表现为城市工业区到郊区办公园区的转变，以及重工业到蔓延的轻工业区的过渡。能耗数据上也反映了这一转变，现美国工业部门的人均能耗较1960年下降了32%，而办公写字楼的人均能耗增长了将近一倍[31]。这一转型为我们提供了机遇来将工作空间与生活空间重新融合。过去，噪声与肮脏的城市工业是中产阶级搬离城市的原因；而如今，无论城市或郊区，工作空间都可以很好地融入到生活空间中，成为适宜步行的社区的一个部分。

诸多家庭和城市的财政受到了经济转型的打击。很多文献记载了中产阶级家庭收入从1970年代开始进入停滞期。事实上，将通货膨胀的因素考虑进去后，位于中间位置的家庭收入从1973年至今每年的增长小于1%[32]。而讽刺的是，收入的停滞并未带来土地利用模式以及住房密度的改变。美国人的住房、花园以及私人小汽车都在变大，而收入却止步不前。或许，这也从一个侧面解释了2008年的房地产崩盘。

在1950年代，平均每户家庭27%的收入花在住房上，13%的收入花在交通上，这两项合计40%。对于很多低收入工薪家庭，这两项花费如今已经占到了他们家庭收入的60%。在2002年，平均交通花销增长到了家庭收入的19%，而住房花销增长到了33%[33]。交通花销比重的增加则直接反映了我们以私人小汽车为导向的土地利用模式。对于很多家庭而言，拥有多辆小汽车已经不再是奢侈，而是生活所必需。

除了对家庭产生了影响，经济转型也给城市财政带来了很大的局限。戴维·腊斯克（David Rusk）在《没有郊区的城市》（Cities without Suburb）一书中记录了中产阶级以及白领岗位撤离至郊区之后，城市中心区以及近郊经济基础的丧失，种族矛盾的激增，内城教育系统的恶化。诸如此类人口、投资以及税基减少的现象如今在某些城市却又出现了回转的迹象：高科技岗位、城市先锋以及新一代的中产阶级回到了市中心，使得城市重新焕发活力而郊区开始衰落。

经济转型带来的财政影响恰如钟摆一样在城市和郊区间摆动，两地繁荣与衰落的交替转变让我们意识到解决问题的途径不能在城市与郊区的对抗中寻觅，而是一个能作用于整个区域的经济策略。繁荣的都市区需要构建一个区域经济体系来共享税基、保障性住房、公共交通投资、教育资源以及可达性高的开放空间体系。

或许在过往50年里，最大的经济转型在于经济全球化及其对城市和区域的影响。随着工业生产环节逐步转移到全球劳动力价格低廉的地区，美国的经济越来越依赖于创新科技、创意产业的聚集以及与特定场地相关的产业的集聚。繁荣的区域经济取决于一支高素质的劳动力大军和拥有活跃城市环境、职住平衡，并配备有便捷公交体系的区域城市形态。只有这些活跃的城市才可以吸引能够推动全球经济发展的创新型人才。这些创新型人才可以自由地选择生活与工作的地方，而他们往往青睐于城市生活。这也是城市主义必须重生的另一个重要原因。如理查德·佛罗里达（Richard Florida）总结道："场地（物质空间）在现代经济中仍然扮演着重要角色——那些世界闻名的城市区域所拥有的竞争优势并未衰减，而是在与日俱增。"[34]

能源概况

人口、经济以及社会在发生巨大转变之时，我们的能耗也在发生着变化。众所周知，美国的能源需求远远高于其应得的比例—— 近乎五倍于全球平均水平。而让人诧异的是，我们的人均能耗在过去的50年中竟然没有发生多大的变化。在1950年代，美国开始大兴郊区建设以来，每户平均能耗（包括工业、基础设施、交通和建筑）基本保持在8.5亿英热单位的水平不变[35]。个中原因是复杂的：我们越来越多的开车，但车辆越来越节能；住的房子不断扩大却也设计得越来越节能；同时，最为重要的是，我们从工业经济向知识经济转型节约了大量能源。然而，同时间内，我们的人口从5200万户增加到了1.17亿户，因此美国的能耗和碳排放增加了一倍——这也正是问题之所在[36]。

我们将数据展开来看。美国平均每户的车英里数从1960年的每户11000英里增加到了如今的24000英里（从而全国的车英里数总量其实增加到了四倍[37]）。尽管在过往的几十年里，政府的能耗要求很宽松并且油价相对低廉，但汽车的能耗效率一直在进步，从而人均在小汽车上的能耗只增加了20%[38]。

对于房屋的供热与空调，情况也大致相似：尽管我们居住的房屋越来越大，每户平均总能耗并未明显变化，因为建筑材料以及家电在朝着节能的方向发展，从而实际的需求下降了56%[39]。不幸的是，建筑材料与家电节能上的效应被增加的用电量抵消了[40]（人口增加），毕竟运送到每一户家庭的一个单位的电能都需要在发电厂耗费三个单位的能源。正负抵消后，结果是现今平均每个人在居住和交通上的能耗只比1960年稍稍增长了一些[41]。

从1960年代开始，商业建筑和工业生产的能耗发生了换位。工业生产能耗大幅度削减，下降了30%，而商业办公楼用以供热、空调和电灯的能耗却增长了一倍。这一经济转型使得美国的人均能耗和碳排放出现回落，人均商业和工业耗能一起计

能源的变迁

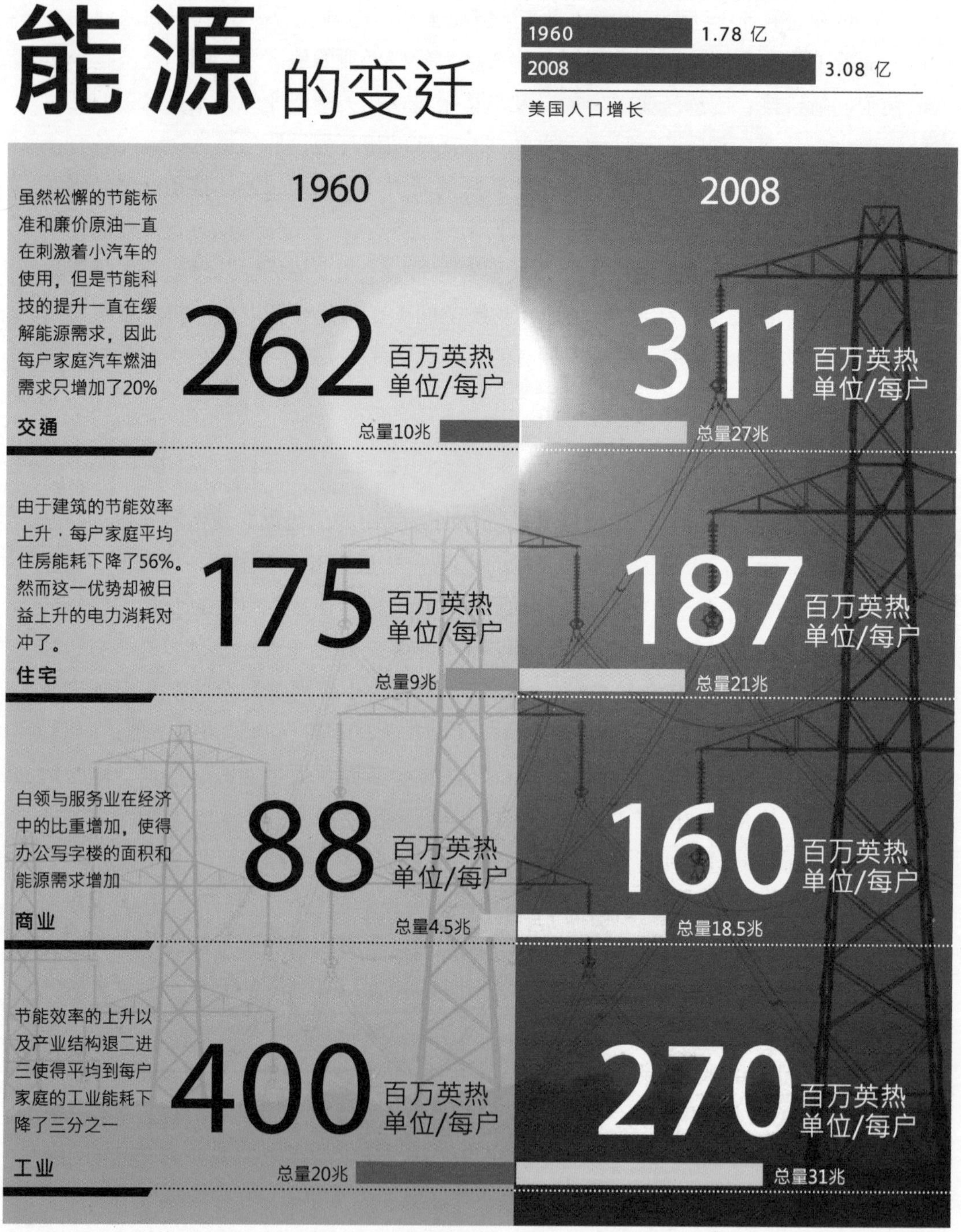

1960 1.78 亿
2008 3.08 亿
美国人口增长
1960
2008
虽然松懈的节能标准和廉价原油一直在刺激着小汽车的使用，但是节能科技的提升一直在缓解能源需求，因此每户家庭汽车燃油需求只增加了20%
262 百万英热单位/每户
311 百万英热单位/每户
交通
总量10兆
总量27兆
由于建筑的节能效率上升，每户家庭平均住房能耗下降了56%。然而这一优势却被日益上升的电力消耗对冲了。
175 百万英热单位/每户
187 百万英热单位/每户
住宅
总量9兆
总量21兆
白领与服务业在经济中的比重增加，使得办公写字楼的面积和能源需求增加
88 百万英热单位/每户
160 百万英热单位/每户
商业
总量4.5兆
总量18.5兆
节能效率的上升以及产业结构退二进三使得平均到每户家庭的工业能耗下降了三分之一
400 百万英热单位/每户
270 百万英热单位/每户
工业
总量20兆
总量31兆

随着美国家庭数量从5200万增加到了1.17亿，总的能耗翻了一倍，从45兆到了100兆英热单位，但平均每户的能耗却保持不变。我们通过将重工业转向国外，同时增加汽车和建筑的能效来节省能源。交通和建筑领域的能耗翻了三倍，而我们电力消耗则增加了五倍。交通领域的能耗增加是最快的。

图 12

碳排放 的变迁

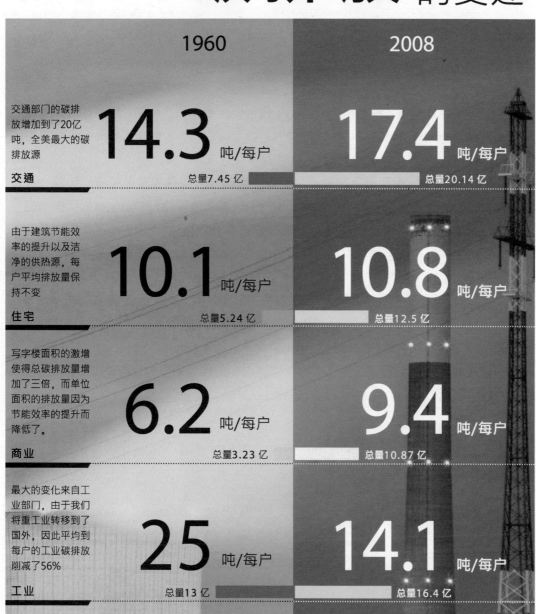

	1960	2008

交通部门的碳排放增加了20亿吨，全美最大的碳排放源

交通

14.3 吨/每户
总量7.45 亿

17.4 吨/每户
总量20.14 亿

由于建筑节能效率的提升以及洁净的供热源，每户平均排放量保持不变

住宅

10.1 吨/每户
总量5.24 亿

10.8 吨/每户
总量12.5 亿

写字楼面积的激增使得总碳排放量增加了三倍，而单位面积的排放量因为节能效率的提升而降低了。

商业

6.2 吨/每户
总量3.23 亿

9.4 吨/每户
总量10.87 亿

最大的变化来自工业部门，由于我们将重工业转移到了国外，因此平均到每户的工业碳排放削减了56%

工业

25 吨/每户
总量13 亿

14.1 吨/每户
总量16.4 亿

碳排放的变迁最能反映能耗的模式。交通部门现在是我们最大的温室气体排放源头，总量达到20亿吨，而且增速最快。住宅和商业建筑的总量也达到了20亿吨，这三个部门一起显示了城市主义在减排方面的巨大潜力。此处没有列举的是农业和化学制品上的10亿吨碳排放。

图 13

算，总体下降了15%[42]。上述所有的计算叠加在一起——住房、交通、商业办公以及工业生产——在人均值基本保持不变的情况下，总能耗和碳排放随着人口的变化增加了一倍。

美国能源消耗中还有一个比例较小却在不断增加的部门——航空。我们在不断建设高速公路和以小汽车为导向的社区的同时，我们也在不停地建设飞机场，而放弃了城际铁路。如今，美国平均每户每年的飞行距离是5000英里[43]。而同样的距离，高速铁路的能耗值却只有飞机的四分之一还不到[44]。正如住房与交通一样，这项科技是一个整体设计体系中的一部分：郊区低密度住宅、独立而单一的购物城、高速公路与飞机场是一套选择；而活跃的社区、城市商业街、公共交通和高速铁路是另一套选择。

过往50年的转变使得美国的能耗变得不可持续，碳排放量也超额度增长：人均排放量相当于世界平均水平的五倍。历史的转折无法避免，它也让我们认识到能源、气候变化以及社区营造之间的微妙关联。我们不单单需要摸索经济发展的新方向，同时也需要探索新的城市形态。历史、人口、经济和文化在塑造着未来，而土地利用模式也在影响着未来，影响着人们的生活和期冀。

美国对于转型的反应过于迟缓。人口将推动新的住房需求；经济渴望更为有效益的繁荣模式；而我们不可持续的环境影响将刺激新科技的研发。诚然，通往改革的道路障碍重重，有体制的惰性、文化惯例、既得利益体以及政治原因。但革新、创造以及灵活变通一直就深深地印刻在美国人的品性之中。过往的50年告诉我们，转变不可避免，唯一的问题是，这是一种什么样的转变。

应对气候变化与打击毒品有着一些相似处；可以顺藤摸瓜追踪毒品源头——火力发电厂——也可以着手解决瘾君子——高耗能的建筑和郊区蔓延。两者都有必要。

第三章　迈向城市绿色未来

20世纪80年代中期，人类失守了一条重要的防线：在人类历史上，我们的物质需求第一次超越了地球生物再生功能的可承载极限[1]，开始以不断递增的速度消耗着地球的积累。生态恶化、生物多样性下降、物种灭绝、大面积砍伐森林导致水土流失等代价比比皆是。为了让我们能够更加清晰地认识到这一环境挑战，全球足迹网络（Global Footprint Network 一个成立于2003年的非营利性组织）做了一项研究，将人类的能源、食品和物质需求转换成为所需的土地，然后用于对比地球所剩的可耕用地面积。研究结果令人吃惊。

全球足迹网络组织把人们的能源需求换算成了能够吸收对应碳排放量的森林面积，然后与食物生产相关的农田、牧场、森林、鱼塘以及居住用地相加。他们的研究显示，在过往的50年里，从人均角度来看，我们的各项需求都变得更为高效，而能源除外。1961年至今，我们对于农田、牧场、森林、鱼塘的人均需求下降了三分之一——尽管不够抵消人口双倍增长带来的净增长，但这仍然是一个令人欣慰的结果。而与此同时，人均能源需求却增加了5倍。在1961年，平均每个人只需要0.7英亩的森林来吸收碳排放，如今我们需要3.5英亩。将同时期内人口的双倍增长考虑进去，我们的能源总需求增加了10倍[2]。

能源的需求在增大，而地球的承载力保持不变。用以吸收我们日常碳排放所需的林地面积从170亿英亩陡升至420亿英亩。而地球的生态承载力只恒定地保持在290亿英亩[3]。许许多多的因素促使了人们能源需求的递增：工业生产的扩张、低劣的建筑设计、低效的基础设施、膨胀的私人交通出行以及高耗能的生活方式等等。我们建造城市的方式可以对上述原因起到决定性的作用，使其降低能耗。我们所营造的房屋类型、出行的次数、电网效率、日常生活方式都取决于各个国家，特别是发展中国家，对于不同的城市主义的选择。

尽管全球整体变化趋势明显，能源的消耗呈现出很强的地方差异。全世界人均碳排放量现在是5.5吨一年，而美国是23吨，欧洲是10吨。中国现为4吨，虽然低于世界平均水平却在快速增长。印度则仅为2吨[4]。这一地区差异也解释了为什么环境公平以及按比例削减问题会如此具有争议。争论归争论，根本问题还在于所有的国家都需要深刻而系统的改革——并且非常明显的是，美国应该做好排头兵。

不同的国家有着各自不同的温室气体排放情况和程度，而城市主义以及社区设计可以扮演的角色也不尽相同。举例而言，与能源消耗无关的温室气体排放，如砍伐森林、农耕、化工产品生产以及废弃物处理占据了人类总排放的37%。而在美国，此项排放只有9%——所以在美国我们需要更加关注能源。在全球，交通只占总排放的20%，而在美国是30%，加州则高达48%[5]。对于美国来说，交通是最大，同时也是影响力递增最快的挑战。房屋建设的碳排放在全球占据了18%，在美国则翻了一倍。从而，在美国，建筑和交通——也就意味着土地利用与城市主义相关的温室气体排放占到了总量的三分之二。而全球其他国家如果顺势发展不图改变，也将步美国之后尘[6]。

值得注意的是，上述的碳排放情况和统计结果都是基于一个特定的数据观察角度。如果有人只对新能源感兴趣，而将终端的使用量保持不变，那么他的观察角度则会侧重于新的能源产出，而不是环境保护或人们生活方式的改变。从这样的观察角度出发来计算可以得出，美国的电力消耗占据了全国碳排放影响的34%，从而他的结论将是：美国应对气候变化以及能源安全挑战的途径应是研发可再生能源[7]。

然而，当我们将不同部门耗电量所产生的温室气体比例拆分来看就会发现，建筑部门占据了电能碳排放的30%。从这个角度来观察同样的数据，我们可以得出结论，环境保护与节能的建筑设计才是重点。因此，界定问题的方法会影响解决的途径。

在美国，降低终端能源需求——建筑与交通——不但可以直接减少碳排放而且能够间接地帮助各个工业部门达到节能减排的目标。因为产出与输送的损耗存在，在终端每节约一千瓦时的电能，产出端就可以节约三千瓦时[8]。城市主义通过影响建筑与交通这些终端需求，从而成倍地影响其他工业部门和基础设施领域。

低能耗建筑、节能汽车以及绿色科技必然会在节能减排中扮演核心角色，但仅凭这些是不够的。为了能够达到"12%方案"所设立的目标，到2050年我们需要减排100亿吨温室气体，使每年碳排放降低到25亿吨。城市主义与低能耗建筑与节能汽车一起可以贡献40亿吨，而其他部分则需要将绿色科技以及可再生能源技术很好地融合到城市未来之中。

第一步

鉴于我们政治与经济体系的庞大架构和体制惰性，进行系统的改革总是充满挑战的。无论现状功能多么紊乱，根深蒂固的利益集团总会阻挠变化的发生。这是我们习以为常的；然而不常见的是习惯于期待生活质量继续上升而生活成本持续下降的这一代美国人。二战后，由于低廉的能源、生产力的提高以及科技创新，美国人享受到了这样的一个时代。在1950年代，每户家庭平均70%的收入花费在了必需品

生态足迹 的变迁

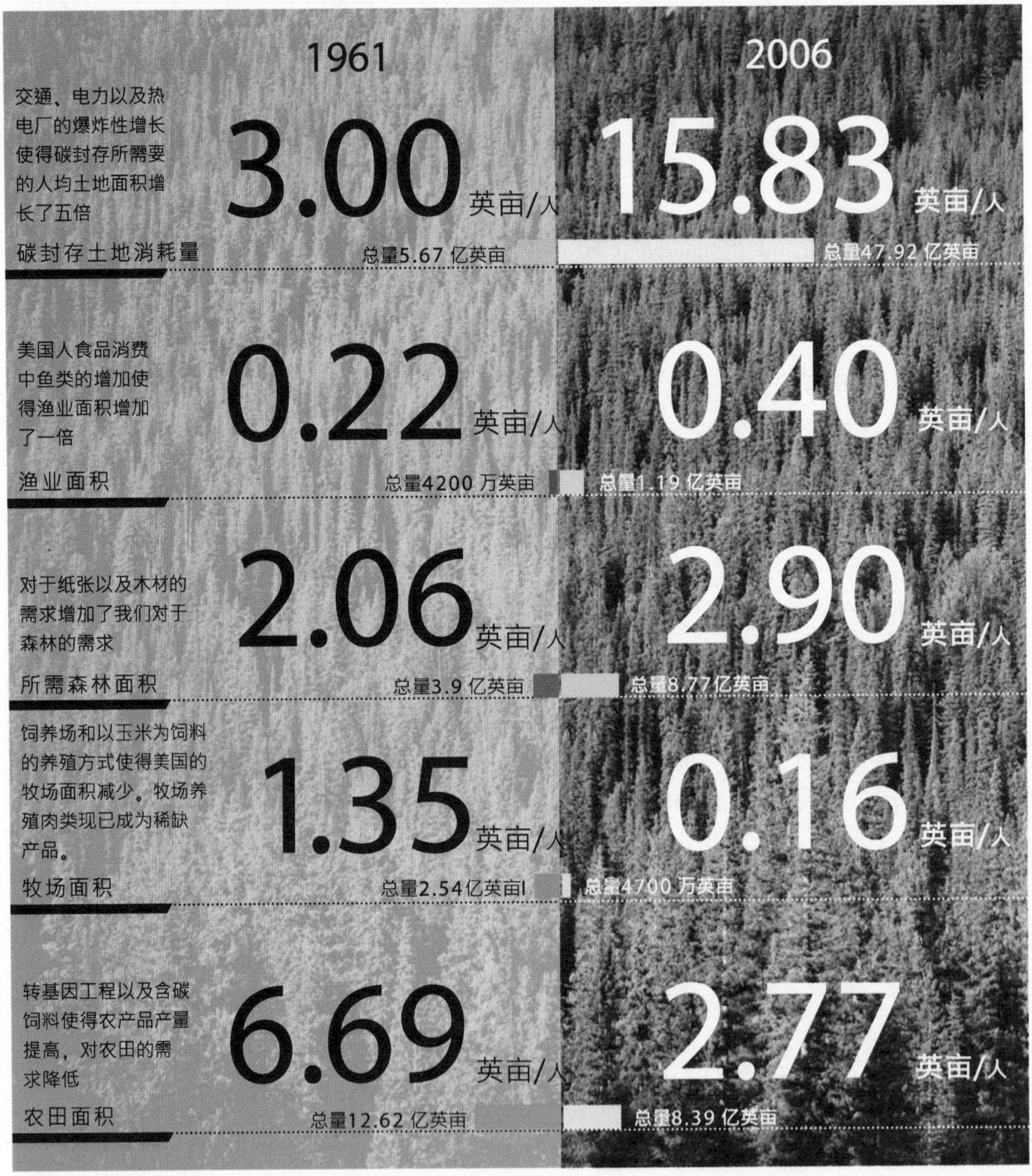

	1961	2006
交通、电力以及热电厂的爆炸性增长使得碳封存所需要的人均土地面积增长了五倍	**3.00** 英亩/人	**15.83** 英亩/人
碳封存土地消耗量	总量5.67亿英亩	总量47.92亿英亩
美国人食品消费中鱼类的增加使得渔业面积增加了一倍	**0.22** 英亩/人	**0.40** 英亩/人
渔业面积	总量4200万英亩	总量1.19亿英亩
对于纸张以及木材的需求增加了我们对于森林的需求	**2.06** 英亩/人	**2.90** 英亩/人
所需森林面积	总量3.9亿英亩	总量8.77亿英亩
饲养场和以玉米为饲料的养殖方式使得美国的牧场面积减少。牧场养殖肉类现已成为稀缺产品	**1.35** 英亩/人	**0.16** 英亩/人
牧场面积	总量2.54亿英亩	总量4700万英亩
转基因工程以及含碳饲料使得农产品产量提高，对农田的需求降低	**6.69** 英亩/人	**2.77** 英亩/人
农田面积	总量12.62亿英亩	总量8.39亿英亩

美国 非营利性组织Global Footprint Network（全球碳足迹网络)调查显示美国用于食品生产的人均土地需求自1961年的每人3.4英亩下降到了每人2.5英亩。由于我们已经耗尽了海洋有限的固碳能力，我们的净人均影响增加了五倍，在1961年撤去海洋的固碳量以后，我们只需要每人3英亩的土地用于碳封存，如今需要每人15.83英亩。而美国的人口在这一时期内增长了一倍，因此总的能源碳足迹增长了将近十倍。

图 14

不同领域的生态足迹

- 碳足迹
- 建成区面积
- 渔业足迹
- 森林足迹
- 牧场足迹
- 农田足迹

Ecological Footprint to Biocapacity Ratio (number of earths)

一个地球的承载力

1961 1965 1969 1973 1977 1981 1985 1989 1993 1997 2001 2005

全球

非营利性组织Global Footprint Network（全球碳足迹网络）统计了吸收人类所有碳排放所需的森林面积，然后再加上农田、牧场、已有森林、渔业和建成区面积，这一总和 —— 也就是我们的生态碳足迹 —— 现已经超过了地球承载力的300亿英亩。

图 15

上（衣物、食品以及住房），而到了2003年，这一比例下降到50%[9]。与此同时，居民消费活动日益活跃而居民存款和基础设施投资逐日下降。倘若要维持现在这种高消费而低基础设施投资的状况，低碳未来将难以实现。事实上，成功的转型需要依靠大量的基础设施投资、消费者习惯的改变，以及新科技的研发。

很多人都同意，我们需要为碳排放定更高的价格来降低能耗并筹集资金投放到绿色能源上，从而推动绿色经济。然而这在政治上存在着诸多阻碍；如美国一样的富裕国家不愿意为他们已经习以为常的优越生活买单，而落后的国家又缺乏资金来负担新增的费用。保守人士则宣称任何碳排放的赋税，乃至上限交易体系（cap and trade）都将抑制经济发展导致就业率下降。

激进人士则强调我们已经给富裕的产油国付出太多，不应该再加税而把资金留在美国。同时他们也宣称经过短暂的过渡，可再生能源的成本将降低，新科技将刺激"绿色岗位"的增加从而推动经济发展。这些观点或许正确，但其中的政治障碍仍然存在。因为改革的时序、速度以及程度将时刻牵动着政客们的神经。就当下而言，通过为碳排放征税来应对气候变化似乎并非美国的良方。

然而，除了征税我们还有很多方式能够朝目标迈进。城市主义、建筑能耗标准以及节能汽车——这三个相互联系的策略就可以绕过碳排放征税或者上限交易体系来达到减排的目的。它们能够产生诸多长期效益并节约经费。城市主义乃是新的设计标准和精明规划的产物，并非新的科技或者新的税赋。仅凭这些策略，就足以完成我们2050年设定目标的40%。

著名的麦肯锡（McKinsey）公司在2007年进行了一项名为"降低美国温室气体排放：降低多少？成本多少？（Reducing U.S. Greenhouse Gas Emissions: How Much at What Cost?）"的成本效益分析。这项研究分析了250多种减排政策、科技，以及策略，并鉴别出大量能够在较短时间内节约资金的方法。分析的结论是，美国能够在花费很小或是零成本的情况下稳定气候变化。同时研究还显示，就资源保护一项所带来的经济效益就可以支付我们工业和农业两个部门清洁能源的总投资[10]。

为了能让麦肯锡（McKinsey）公司的这项分析研究更为清晰和简便易读，自然资源保护委员会（Natural Resources Defense Council）将研究所涉及的方法分为八个类别，从建筑和交通的能耗效率到可再生能源、碳吸收，以及"其他发明"。这些方法一起可以为美国减少超过100亿吨的温室气体——足以达到"12%方案"的目标[11]。这些方法中很多都与城市主义息息相关——提高建筑能耗标准、提高车辆能耗效率以及低碳能源——这些将产生40亿吨的减排效果。除此之外，这些策略在实施过程中都能实现收支平衡。例如，节能建筑每减少一吨碳排放就能在其使用周期内节约40美元。由于麦肯锡和自然资源保护委员会的研究排除了人们行为方式的改变，因此并未计算城市主义的效益，但是不难看出城市主义可以通过减少人们对小汽车的依赖从而节省燃油和碳排放，并降低开支。城市主义是未能包含在这个研究之列的有效减排策略。

让我们细致地观察一下城市主义、节能建筑和节能汽车这三个策略的经济效益。对于房地产开发商而言，撇去环境的需求，城市主义是未来市场青睐的开发模式。未来的人口状况以及居民住房负担问题使得高密度开发与城市的生活方式成为必然。都市土地研究所（Urban Land Institute 美国最前沿的房地产开发商组织）以及普华永道事务所多次在其年度报告《房地产新趋势》中指出新城市主义、公交为导向开发（TOD）以及城市填充项目具有市场潜力，其中一份报告叙述道："美国房地产业下一轮的项目将指向于城市填充、郊区城市化以及公交为导向开发。那些临近公共交通、就业岗位以及便利设施的小型住房将取代郊区大地块住房成为市场新宠。人们在住房选择时将继续关注生活的便利以及能源开支。缩短上下班通勤、减少空调暖气费用将抵消城市填充项目的额外开发成本[12]。"尽管市场的指向已经如此清晰，很多的开发仍然盲目的依循旧路，以为社会仍然以多家庭成员的家庭居多、以为大多数家庭仍然只有一个人需要出勤工作、以为能源和土地将取之不竭、以为拓宽道路就可以解决交通拥堵、以为我们可以通过金融工具创新的小聪明来解决住房负担问题。

事实上已经有很多人意识到，我们的城市形态需要重新调整从而适应当下的文化、经济以及人口状况。只要区划合理的改变加上交通基础设施投资的转向，市场的动力就可以很好地将城市主义的潜力挖掘出来。在第一章针对"伟景加州"的讨论中已经在多个层面提到，城市主义可以为美国的普通家庭、城市政府以及企业节省开支，同时还能提高生活品质增进公众健康。城市主义是一个无需新增税收的双赢策略，能够最终削减家庭、地区与州政府开支。

节能建筑也是一项双赢的策略，它能够在减排的同时降低运营费用。大多数的节能环保建筑在五年之内所节约的开支可以平衡前期的额外成本。这意味着，只要有合适的融资渠道，建筑环保技术可以在不增加资金链负担的情况下实现。这一理念可以通过加州第二十四号条款（California Title 24）建筑标准的实施效果得到印证。自1978年标准颁布以来[13]，已经为住户和企业节约了560亿美元的电费和天然气费用，预计到2013年将节约额外的230亿美元[14]。

此类项目的另一个范例是"建筑2030"（Architecture 2030），这个项目的发起人是1970年代被动式太阳能设计领域的先锋建筑师艾德·马兹里奥（Ed Mazria），项目提倡为建筑的绿色改造提供资金并设立了更为激进的全国建筑节能标准。他们提出将建筑的碳排放逐年削减并在2030年实现零排放。其设立的标准允许建筑有20%的能源来自于绿色能源，因此其实际排放标准比现有建筑低80%。虽然激进，但却是一个能够且应该实现的目标[15]。

同时，"建筑2030"也倡议，对于那些进行了防寒保暖改造而减排了50%~75%的现有建筑提供联邦补助降低房贷。收到补助的家庭不但每个月的还贷压力减少了，每月的水电费也降低，而且因为防寒保暖改造，其房屋的地产价值也上升。这个倡议计划不仅能够减少碳排放，减少新修电厂的需要，削减水电费开支，而且能够创造900万个就业岗位，具有非常高的政治吸引力。

不断增加的能源成本在接下来的40年里将意味着节能建筑的走俏。住户不但能够削减水电费支出和运营开支，还能享受到房屋价值的上涨。没有节能建筑我们将无法达到"12%方案"所设定的目标，而推广节能建筑则将为我们节省资金并创造宜居环境。

第三个策略是严格的汽车节能标准。汽车生产商一直在消极抵制节能汽车，而联邦政府则对于设立高的节能标准持负面态度。对比起工业部门、基础设施以及建筑部门，汽车更加依赖于不稳定的进口原油。随着能源峰值（peak oil）的到达，世界原油储备正随着全球需求的激增而下降，随之而来的是能源价格的上涨。即使不考虑能源峰值，全球新兴国家与日俱增的汽车需求也必然在市场规律的影响下将汽油价格推向高峰。在国外，特别是发展中国家，节能汽车正逐步占领市场。倘若美国的汽车生产商拒绝稳步跟进，那么美国的汽车业衰败必将到来。确立像加州佩里法案（Pavley Bill）一样激进的减排目标将确保美国汽车业的领军地位以及在全球节能汽车市场的拓张[16]。这样的政策，和节能建筑与城市主义一样，将稳固美国经济，减少市民能源开支，降低进口原油依赖，削减碳排放。

城市主义、节能建筑和汽车，三者就像果园中伸手可摘的果实。三者在政治上具有很强的实施性，因为它们不涉及任何对能源的额外征税，同时还提供诸多效益：减少家庭开支，保护开放空间，营造更具活力的城市，培养竞争性行业，养育健康的国民，等等。

当然，尽管上述三个策略能够为改革提供基础，仅凭三者还是不够的。工业、农业以及电力部门的排放也要考虑进来。这些部门的减排将需要投放一定的价格信号，引入上限交易（cap-and-trade）的立法以及排放征税和补偿。不幸的是，这些策略往往面临着更高的政治门槛而且往往被误解为减少就业岗位的政策。由此，很多关于气候变化以及环境的讨论都被理解成了高昂的经济代价，而并非一套能够为居民和政府节约费用的良方。所以，我们应该从门槛低、回报见效快的城市主义以及节能标准入手，打好基础。

城市主义的经济层面

许多人认为应对气候变化将影响个人以及政府的经济状况，他们觉得限制碳排放将成为隐形赋税而环境政策则会使其经济在全球市场陷入不利地位。但在城市主义领域，结果并非成本的增加，而是直接的经费结余。与很多的可再生能源不同，城市主义中涉及的紧凑开发模式是比现有策略中更为实惠的减排方法。其实现的经费结余在家庭以及市政府层面都得到了体现。

在过去，低成本、低密度的住宅存在于都市圈的周边，人们愿意选择更远的通勤来换取廉价的独栋住宅。但人们将视线从房贷、水电费以及房产税延伸到交通和住房所产生的总成本时，新的经济负担就出现了。貌似廉价的远郊大住宅变得不再廉价，同时，看似售价偏高的城市住宅因为交通负担的下降显得并非那么昂贵。

由于缺乏全盘的了解，城市蔓延的成本与家庭经济能力之间的不匹配往往被掩盖。美国家庭有10%~25%的收入花费在了交通上——购车、车险、车辆维护、燃油以及停车费[17]。当燃油价格上涨，那居民的开支也自然攀升。值得注意的是，我们的燃油税仅仅能够负担道路建设和维护费用的一半，另一半需要其他赋税来填补。这方面的费用正逐年增加，政府则会从新的楼盘开发中收取更高的税费来增补这一开支，继而抬高房价影响居民生活负担。此外，这还不包括长距离通勤所消耗的时间成本。最后，城市蔓延所引起的环境问题必将促生更多的政府管理措施和整治要求，其导致的开发成本上涨也必然需要市民来买单。总之，城市蔓延的经济体系正在崩塌，或者说，已经在2008年的次贷危机中崩塌。

由社区技术中心（Centers for Neighborhood Technology）研究出的"区位效益贷款"（Location Efficient Mortgage）就通过核算住房与交通的总成本很好地把握了这一隐含的现实。社区技术中心倡议提供给在交通成本低的地区的购房者提供更高的融资——允许这部分购房者将交通上节约的资金投入到房贷中，而不是更长的通勤、更多的汽车和燃油。从而使购房者的资金投资在有望升值的住房上，而不是一直在贬值的汽车上。

在美国的很多地区，最廉价的单栋独户住房往往位于距离就业中心最远的地方。这些偏远的郊区家庭汽车拥有量和出行距离都远远高于地区平均值。一个拥有三辆汽车的家庭平均需要花费13300美元在购车、维护、保险和燃油上；拥有两辆车的家庭平均8900美元；拥有一辆车的家庭是4450美元[18]。根据AAA的调查，拥有一辆新车每年的花费在8000美元左右[19]。如果将这辆新车的花费投入到房贷之中，这笔钱能够启动贷款购买价值125000美元的住房[20]。

除去交通成本以外，远郊低密度住宅还将增加基础设施成本。过去的几十年里很多针对蔓延成本的研究都有记载。这些研究囊括了各类数据并提供了复杂的权衡分析，其中最难确定的是城市填充和城市振兴项目所涉及的成本，但是在都市区边界的郊区住房的硬件成本却是非常容易定量的，其差异相当显著。我们在各地的区域规划中多次发现，低密度的郊区用于道路和管网等基础设施的硬件成本比起紧凑混合利用的社区平均每户高出20000~30000美元。这还没有包括社会市政服务成本，例如治安、消防、校车等。同时也没有包含为这些低效的土地利用提供新的水源和能源的额外成本。

在加州的弗雷斯诺（Fresno）东南部，我们做了一个很有代表性的对比研究。在这里，我们对原有规划中的42000个住宅进行了调整，使其土地消耗量下降了一半，9000多英亩肥沃的农田得到了保留。这一调整并非对居民的生活方式进行全盘的更改，而是将原来大地块单栋独户住宅调整成了标准的小地块单栋住宅以及联排屋。此外，新调整后适宜步行的社区为每个家庭每年节省将近7000美元的交通开支，紧凑的建筑形式每年节省了1000美元的电费，碳排放整体下降了50%而水资源消耗下降了60%。调整后的紧凑城市形态仍然保持着郊区生活感受，但却理性的提供了符合市场需求的住房品种和类型[21]。

在新区，定量对比低密度开发与紧凑型开发是较为简单的，而建成区内部的城市填充和再开发项目的计算就会复杂很多，因为涉及的变量很多，包括因项目而异的重建需求、现有管网的延伸，以及申请政府审批手续的时间和资金投入等等。所以要对比新地块上低密度开发和城市填充项目所产生的基础设施成本差异，是非常困难的。然而，在大多数情况下，城市填充项目的环境治理以及结构升级成本是低于大面积低密度的新开发项目的。同时，城市填充项目还有临近就业岗位以及公共交通的区位优势。

上述成本的讨论都牵涉到了经济适用房、工薪阶级住房以及首次购房者的问题，他们的市场份额正在不断地增加。而对于这部分人的住房问题，对策往往是提供资助、使用偏远廉价的土地开发、增加密度、特殊融资渠道，以及降低施工质量。这些对策都存在缺陷：在偏远廉价的地块开发经济适用房使得低收入人群集中并与社会隔绝；政府资助匮乏；很多社区都反对增加密度；特殊的融资渠道少之又少；而施工质量已经低到了无法再削减的程度。我们的住房对策不能再死死的禁锢于经费削减和政府资助的盒子里。只有将视野打开，从更高的层面审视家庭实际情况以及我们社区营造的方式才是重新思考这一经济慢性病的核心。

经济适用房问题必须先从经济适用的社区、经济适用的生活方式以及经济适用的基础设施开始考虑。想像一下：一个公交服务便捷而频繁的社区，居民可以步行到托儿所、喜爱的商店、银行、健身房或者小餐馆；社区道路绿树成荫，没有公路隔音板，没有超速车流——出行不用完全依赖小汽车解决，而可以部分通过公交、步行和自行车来替代；驾驶小汽车成为了一种选择，而不是一种必须；小汽车上节约的资金可以用于房贷或者房租；驾驶节约的时间可以用来陪伴家人或者在公交车上阅读一本好书——对于一个为生计而奔波的家庭，这些经济上的便利和实惠是相当重要的。

遗憾的是，这样的经济适用房很少，其原因并非在经济或市场上，而是我们的公共政策。我们将财政补贴用在了高速公路上，而不是公共交通，从而迫使工薪家庭买车；我们单一用途的土地利用和与其挂钩的房贷审批给混合利用社区设下了重重障碍。此外，很多社区通过设定地块面积最小值来实行排外的区划（exclusive zoning），有的社区干脆直接拒绝所有新开发项目。改变这些政策，不但能够解决我们的经济适用房问题，同时还能破除交通拥堵、空气质量恶化以及开放空间缩减的恶性循环——从而应对气候变化的挑战——是复杂而相互联系的一系列问题的解决途径。它向我们展示了环保而可持续的未来是能够保证经济适用，而同时又有利于社会繁荣的。

在我们努力的引导中产阶级从远郊重新回到城市的过程中，绅士化（Gentrification）的问题必须引起关注。在某些非常贫困的社区，增加社区人口的多样性是有好处的；家庭收入多样化的社区往往能够增加当地的公共服务，带来便利的零售服务以及高质量的学校。但是，如果不考虑加入合适的经济适用房比例，而直接将整个社区替换的做法是错误的。事实上，绅士化可能是城市振兴项目中最大的结构性问题，因为振兴的目标和效果往往就是将贫困人群迁走，除非有政府项目限制这种行为或者为拆迁提供补偿。而这一问题，是自由市场无从解决的。内城的TOD项目，或是任何城市重建项目的最大挑战，就在于争取经济适用房和增加经济收入多样化社区这两者之间的平衡。每一个地区，都会经历一个艰辛但又必不可免的过程才能达到这样的平衡。

更为包容的郊区能够缓解绅士化的问题，在公交服务水平高的郊区提供经济适用房不但能够为居住在城市里的低收入人群提供住房选择，而且能在整个区域内为工薪家庭提供临近就业岗位的住房。在美国的很多郊区，其房价之高，把为社区服务的教师、警察、消防员等服务人员都拒之门外。美国家庭支出中，平均每1美金就有34美分花在了住房上，17美分花在了交通上。而对于部分低收入家庭，这两者的花销达到了60%[22]。对于这些家庭而言，为他们在临近工作岗位并配备有公共交通的地区提供经济适用房，是他们养家糊口的关键。然而，尽管TOD在理论上会降低生活成本，但是倘若他们深受市场青睐而同时供给稀少，那价格必然上涨。

变革的阻碍

全球对于气候变化的关注、能源峰值、动植物栖息地的消失，能源的枯竭等等现实与经济问题使我们重新聚焦到能源消耗与环境保护的主题上。但这并非危机的首次上演，发生在1970年代的原油禁运其实已经预示了我们今天所面临的挑战。禁运事件过去之后，对于这单一事件的关注也就慢慢松懈。然而，随后出现的种种问我们的郊区规划模式已经不再适应美国的人口结构、经济以及环境的需求。一种住房类型应付所有家庭的时代已经过去。在未来，很多的老年人将会搬进小型的更易打理的住房中去，市场上的大住宅将会出现剩余。同时，大量的初次购房者将会寻求经济适用的住房和步行为主的生活方式。简而言之，未来的市场会自然的向小户型住房、高密度社区以及适宜步行性和以公交为导向的环境发展。

图 16

题让我们开始重新思考我们居住的形式——住房成本，开放空间与农田的消失、交通堵塞、政府财政的薄弱、信息技术对于生活的影响、社区生活以及城市社会资本的陨落。当设计在一个层面出现问题，它很有可能在其他层面也不奏效。从很多方面来看，我们现有的土地利用模式和20世纪50年代那一版本的美国梦正在不断消逝。

人们都察觉到作为美国主要开发模式的城市蔓延已经越来越失效。事实上，蔓延所带来的已经不是对生活品质的提升，而是烦恼。然而人们却一直未能把握住解决的途径。原因就在于蔓延所导致的负面影响往往表面上看起来是单个独立的问题：交通堵塞、缺乏经济适用房、污染、耗费时间、空气污染导致的健康问题以及破碎的社区质量。此外，蔓延的概念和其内在的含义是如此根深蒂固，以至于大多数人都觉得问题的解决途径总是重复错误——用更多的高速公路来解决拥堵、更多的郊区住宅来解决经济适用房问题、建造更多的封闭社区来回避污染和犯罪。蔓延的模式在美国是如此强大使得其病症的解药似乎就是自身的复制。

应对气候变化与打击毒品有着一些相似处；可以顺藤摸瓜追踪毒品源头——例如火力发电厂——也可以着手解决瘾君子——高耗能的建筑和郊区蔓延。而事实上两者都很重要：用可再生能源替代火力发电，同时设计节能建筑；普及节能汽车，同时调整土地利用模式来减少汽车的使用。为了实现这一目标，我们需要对土地利用和能源进行短期与长期相结合的结构调整。短期内普及节能汽车并对建筑进行环保改造；长期而言，我们需要营造一个布满优雅而节能的建筑并且不依赖于小汽车的城市。

如果我们的居住环境反映了我们的文化，那如同社会结构一样，文化也变得支离破碎。美国的开发以及用地法令把人们按照年龄、收入、种族以及家庭种类进行了隔离。久而久之，这种模式就在一个充满了交通堵塞与污染的低效网络中阻隔了人与人之间的交流与互动。在为汽车而非为人设计、为迎合小部分市场而非为社区的郊区开发中，我们对于民主极为重要的社会公平与共性，已经慢慢消逝。政治圈子中，特殊的利益集团已经取代了市民，正如郊区的封闭式楼盘取代了社区。社会、经济、政治以及环境多个层面对于系统改革的需求已经相当的明显。

美国所面临的问题，有一部分得归咎于和发展相关的行业。我们拥有各种专家（建筑师、交通工程师、景观设计师、土木工程师和城市规划师等）来处理与社区建设相关的各个分支，但是缺乏一个能够统筹全局、协调各方的专业。而这也就形成了现有的郊区景致——各个行业摈弃全局，仅从自己专业的角度拿出最优化设计然后混乱的拼贴在一起。这一现象在公共政策上也是一样。各个政府部门（无论住房、交通、健康、教育还是环境）在出台各自政策时都忽略了相互合作的可能性以及缺乏合作的严重后果。统筹全局的政策、专业之间的协作以及整体设计必须成为系统改革的基础。

　　不幸的是，美国的政府管理模式和权限也阻碍了综合解决方案的形成。地方上的规划零碎且不衔接，州以及联邦政府则往往采取一刀切的规划政策。直到不久之前，开放空间保护、经济适用房、高速公路堵塞、空气质量以及基础设施成本等问题仍是由各个独立的机构来处理，仿佛问题之间毫无联系。此外，在这些盘根错节的复杂问题上，决策者们一直固执的试图解决表面症状，而不去改变开发模式这个问题的根本。我们通过检测排气管尾气来控制环境污染，用高效引擎来控制能源消耗，建造更多的高速公路来缓解堵塞——所有解决表面症状的努力都做了，但就是不追溯源头来建造人们对汽车依赖程度低的城市。对于真正有意义的改革而言，治标也要治本。

　　变革的阻碍相当之大，首当其冲的就是体制的惰性以及人们对于已知事物的迁就和未知事物的抵触。提倡紧凑开发和混合利用社区的新城市主义，往往被人们误认为是低收入人群伪装入侵的特洛伊木马，会带来生活方式的改变并使得社区房价贬值。更有甚者觉得任何形式的新开发——哪怕是重复现有模式——都会降低社区的生活品质。而在过往的几十年里，这恰恰是郊区开发所导致的：每一个新的开发都增加了交通压力，减少了开放空间，增加了市政服务赋税并污染了环境。当新的开发不断地重复这样的模式，那人们反对新开发（特别是临近自家的填充项目）也就不足为奇了。这种局面所造成的悲剧性结果就是开发以蛙跳的模式侵入到都市圈边界的生地中，这些地方的开发阻力较小而居民也欢迎新开发所提供的工作岗位，而政府也往往愿意为基础设施买单。

　　如果对于城市主义的抗拒来自于蔓延的"推力"，那么其吸引人们的"拉力"则在于更亲近于自然的生活、私密空间以及远离尘嚣。对于高收入家庭而言，毋庸置疑，一栋建立在宽敞地块上的豪宅，再配上几辆大马力的汽车是非常舒适而惬意的生活。加上如今信息媒体如此发达，人们足不出户可以纵观世界。克里斯·雷恩伯格（Chris Leinberger）在《城市主义的选择》（The Option of Urbanism）中清晰的列举了蔓延式开发的诱惑：私密空间与宽敞的地块、由于联邦减税以及低建造成本形成的低廉房价、居民背景相似的社区、更好的公共学校、相对稳定的社会治安以及免费的停车场[23]。这些诱惑在过往的几十年里具有相当大的吸引力，然而，如今这些优势正在被一系列的劣势所抵消：交通拥堵、郊区犯罪、开放空间减少、土地面积减少、税赋增加、市政服务水平下降、年久失修的基础设施、通勤费用递增，还有最糟糕的，停车收费。蔓延发展的"拉力"逐渐衰落，而其对于气候变化的负面影响也受到越来越多人的关注。

　　总而言之，美国现有的开发模式所存在的经济局限性已经在很多层面显现出来。对于环境、健康、空气污染、进口原油问题、资源，以及开放空间减少等真实成本虽然一直在推迟支付，但却不可能完全的避免。除了环境方面的影响，我们的开发模式已经无法再维系工薪家庭的生活。飙升的交通、服务、基础设施以及住房费用都让人质疑：现在这样一个仅有少部分人能负担得起的土地利用模式是否还适用。

普通的购房者，地区政府以及我们的环境已经越来越无法承担汽车为导向的开发模式。美国2008年的房地产市场崩盘不仅仅只是信贷结构的问题，同时也清晰的展示了在住房市场已经发生转变的情况下蔓延式发展的沉重代价。

好的消息是，在土地利用政策上设定低碳目标，等同于在经济、社会以及城镇环境健康上做出有益的改变。与换灯泡或是安装太阳能板等策略不同，调整土地利用模式将囊括一系列的工作、目标和需求。很多能够增强我们节能减排的技术必须得到充分的开发和利用。尽管城市主义能够为我们提供远期最为有效的解药，但仅靠城市主义一项是不够的。为了能够应对气候变化——重建一个可持续而且公平的经济——我们必须重新设计美国梦。

有一组设计原则，它们与现代主义设计思想中的专业化、标准化和批量化生产不同，它们根植于生态而不是机械原理，这组设计原则就是多样化、节能保育以及人本尺度。

第四章　为城市主义而设计

我们不停地在做工程、做规划，但很少做设计。规划往往模棱两可，把场地营造的重要细节忽略，而工程师往往把各个元素独立出来进行最优化处理，全然不顾大局。倘若仅仅只做工程和规划，那我们就失去了权衡单个元素的效率与各元素整合的机会。设计，乃是多维度解决的一个过程，而工程，是单个问题最优化的过程。两者都很重要，但是在开发的这个阶段，富勒（Bucky Fuller）的整体系统设计（whole system design）才是我们所需要的。

工程师的思考方式往往是将复杂而多维度的问题降解成一到两个可测度的方面。例如，交通工程师会为了提高道路的承载能力和设计车速而优化道路宽度，抛弃一个好的街道所应拥有的其他方面，包括社区尺度、步行舒适度、自然栖息地、安全以及美观。市政工程师则直接将自然河流渠化，不顾河流的休闲、生态以及美学价值。商业地产商则只关注市场价值以及物流，不会为社区的社会需求和本地特色考虑。一次又一次的，我们为了单个的效率放弃了整体的协作。

城市主义一个非常重要的观点在于，社区营造是一项设计任务，而不是规划或者工程。通常的做法往往是规划一个框架，然后将各个部分交给工程师处理，然后其他部分置之不理任其发展。人们普遍觉得我们的社区、城镇以及区域都是（带有些神秘色彩）有机生长出来的——它们是市场看不见的有力之手或者各类规范共同作用的成果。同时人们还觉得不应该干涉这些背后的推动力——工程适用于单个的元素，其他部分则可以放心地交给市场无形的手。如果干涉，就成了社会主义，应极力避免。这些观念不但使我们的社区失去了整体性，成了几个元素的简单拼凑，而且在2008年的房地产次贷危机中损失惨重。

历史上，城市设计在我们聚居区形态上扮演着重要的角色，美国郊区的发展项目设计大部分来源于1930年代赖特（Frank Lloyd Wright）的广亩城市（Broadacre City）以及克拉伦斯·斯坦（Clarence Stein）的绿带新城（Greenbelt New Town）。这些设计思想后来被美国住房与城市发展部（Department of Housing and Urban Development）的最低房屋标准以及美国联邦住房管理局的贷款规定进行了粗糙的改造并编译成法定条款。同时期，柯布西耶与欧洲的一群建筑师组建了国际现代主义建筑协会（CIAM）。他们那些充满了高速公路、超大街区、高层住宅的理性主义想法以及对于传统街道以及混合土地利用的不屑一顾，成为了战后美国城市更新运动以及苏联集体住房政策的基础。这些错误并已失败的模式不断地给人灌输城市设计是危险的这一错误思想。

我们不能停留在只顾各自专业的工程以及模棱两可的规划上，而需要去重新探索城市设计的艺术和科学内涵。城市设计是一门艺术因为城市乃是人类文明发展的载体、是多方的折中，充满了偶然性；而城市设计也同时是一门科学，因为这个过程涉及科学分析以及经验数据以及经验的利用。其挑战性也是极大的：城市设计需要整合各类专家的成果；必须平衡社会、经济与环境的需求；必须营造一个美观、活跃且值得人怀念的地方。一个好的城市设计师既要是艺术家、科学家、历史学家、预言家、建筑师，也要是工程师、规划师和政客。为了做到这些，城市设计师必须有一套统一的思想来承担起社区设计的重任。

新的设计思想

问题不仅只是我们的城市和郊区缺乏设计，更严重的是二战之后，设计跟随了错误的范例并建立在了失败的原则和实施策略上。详细的说，就是我们的社区是基于现代主义设计原则并通过各类专家来实施的。现代主义中专业化、标准化和批量生产的核心设计原则是从工业生产的逻辑中衍生出来的。当这些原则被运用到了设计上时，就对我们的社区、城市以及区域的特色以及可持续性产生了摧毁性的副作用。这三个原则将祖祖辈辈传承下来的城市设计智慧抛弃，激进的将城市从社区的母体重塑成了"生活的机器"（machine for living）。现代主义的教条迅速的占领了规划界、建筑界、室内设计和工业设计界——以及现在我们所处的世界。

在规划领域，专业化一词有着多重含义。首先是社区设计中的每一个部分应该被分离出来并形成独自的专业。土木工程师、交通工程师、环境专家、经济学家、景观设计师、建筑师、银行家、房地产中介、经济评估师分别控制着各自的标准、法规和政策——在社区土地利用图上划分自己的势力范围。每一块势力范围都在政府部门里对应着一个管理部门。这样，以往我们的街道、公共空间乃至建筑的多重结构就被简化了。这一专业化原则甚至在区域尺度也有作用；它意味着各个城市、地区都会扮演一个经济独立的角色：郊区是给中产阶级和新兴产业的；城市是给贫困人口和夕阳产业的；而乡村则是给自然和农业的。没有混合、没有协作、没有共同承担的责任，没有复杂性可言。

标准化作为专业化的补充，迅速地将均质化带给了我们的社区，这是对历史的盲目对待和生态系统的破坏。放之四海皆准的逻辑侵蚀了我们社区那些无法取代的特质。城郊的居住区里，是一样的房屋；购物中心，都是一样的布局；办公园区，都是一样的建筑式样。建成环境乃至市场营销和金融贷款套餐都是举国一致，少有变化。布鲁金斯学院（Brookings Institution）的开发商克里斯·雷恩伯格（Chris Leinberger）总结后发现，全美的土地利用市场上总共只有19种开发类型——简直已经简化成了大富翁游戏[1]。当然，标准化对于房地产信贷的发放是至关重要的，这些信贷也是2008年房产泡沫的主因。

以往，我们各行业的手工艺人、本地企业、区域个性以及全球网络之间存在着一个微妙的平衡。而批量生产（住房、交通、办公楼等等）则直接将这一平衡打破。批量生产的逻辑是无止境的扩大规模来实现效率。这就巩固了专业化和标准化在人们生活中的地位。与标准化一样，批量生产忽略了历史的独特性、本地的生态以及文化个性，从而抹除了人本尺度、本地特色，乃至任何本土的场地感。

有一组设计原则，它们与现代主义设计思想中的专业化、标准化和批量化生产不同，它们根植于生态而不是机械原理，这组设计原则就是多样化、节能保育以及人本尺度。多样化是任一富有生命力的生态体系的核心；节能保育意味着自然系统中没有任何损失，不存在真正的废弃物；而人本尺度则是自然对于细节的天生趋向。在城市设计中，多样化指的是混合业态，更为包容和凝聚的社区；节能保育意味着妥善管理并循环利用现有资源——无论是自然、社会、建筑还是组织机构相关的。而人本尺度则将人的需求重新带入了建成环境的设计之中。

此外，这些生态的设计原则将平等的作用于社区的经济、社会以及建成环境。举例来说，在社会层面上，人本尺度意味着警察将会在街道上步行巡查，而不是乘直升机在上空盘旋；经济层面上，人本尺度意味着对本地中小企业更多的扶持，而不是仅仅关注全国性的行业龙头；而建成环境层面，人本尺度可以通过建筑的形式和细节来实现。与经济发展、住房、教育，以及社会服务这些独立的政府职能分工不同，这三项设计原则中的每一项都将物质空间设计、社会服务以及经济策略结合在一起。而这些设计原则就理应成为城市设计新思想的基础。

人本尺度

人本尺度的设计原则回应了越来越趋于分散的经济和人们最基本的需求。对人本尺度的关注将改变过去从上至下的政府项目，改变命令与控制性的机构，改变千篇一律的福利住房项目，改变官僚机构。在社区设计上，人本尺度意味着一个鼓励居民每天面对面交流、适宜步行的环境。在具体空间细节上，人本尺度意味着联排屋前的门阶或门廊，而不是公寓楼前的楼梯井或者车库门；它意味着适宜步行的城市小街区，而非服务于汽车的超大街区；它意味着分散分布的服务以及邻近居民的目的地，而不是布局遥远的服务部门——人本尺度是伟大的城市空间里细致的肌理。

过去的几代美国人，在房屋设计、社区规划以及机构的发展中都展现了"越大越好"的观念。效率与等级鲜明的庞大机构和过程挂上了钩。而如今，在政府以及商业领域，由小的企业和个人化的机构组成的分散网络结构正越来越受到关注——"小即是美"的观念重新受到青睐。效率意味着灵活而小的机构，对于城市环境，这点同样奏效。

当然，美国的现实是两种趋势的混合——"越大越好"与人本尺度同时存在。我们的奥特莱斯（Outlets）越来越大的同时，传统零售业汇聚的商业老街（main street）也回到了城市之中；一些行业正在往大而集中的方向发展，同时各类小尺度的公司、风险投资也如雨后春笋般生长；我们的住房类型正在丰富的同时，所有的住房都被整合到一个更大更均质的房贷融资之中。两个趋势齐头并进，而我们的社区形态必须顺应这一复杂的现实。

而人们对于当今这两种趋势所处的一种非平衡状态作出了负面的反应。我们社区的所有组成元素——学校、购物区、郊区住宅、公寓楼及办公园区——都在丧失人们所需要的人本尺度。市民厌倦了通用世俗的设计，渴望能有细节和个性的建筑出现；渴望绿树成荫、琳琅满目的建筑夹道布置，步行非常舒适的街道；人们享受着在商业老街以及历史街区中漫步的时光。

如果沿街店铺多样而生动，设置了多个入口而且富于细节，临街处活动丰富，那么即使街道两侧是高楼大厦，人本尺度也能达到。从维护上来说，小的社区公园也许维护效率不高，然而他们能很好地支持社区以及步行性，从而对于居民的健康起着关键的作用。同样，小的学校，特别是小学和学前班，他们的尺度符合儿童情感与社会的需要，从而能以大型机构所不能的方式融入到社区之内。社区尺度的科技，例如小而分散的发电站，配合以地区供热系统，可视为是大型集中化电力站的人本尺度替代方案。还有人本尺度的小建筑，为本地企业和刚起步的小公司提供了生存的空间，而他们往往是一个活跃而充满创造力的经济体的核心。

多样化

多样化原则有着多层意义和深远的含义。在自然界，多样化是任何生态系统应变能力和适应能力的关键；在社区设计上，多样化意味着物质空间、经济和社会多个层面的叠加；物质空间的多样化造就了各类市民活动、建筑类型以及市民空间在社区的最大化混合；经济多样化则营造了一个能够容纳不同尺度不同行业的经济体；社会的多样化则使得社区变得包容而凝聚。作为规划领域的一个公理，多样化原则需要社区回归到土地混合利用，从而容纳更多的功能并为不同经济背景、不同文化和年龄层的人提供诸多住房选择。

社区的四个基本元素——市民空间、商业功能、住房以及自然系统——确定了多样化原则在物质空间的范畴。作为一项设计原则，多样化确保了社区居民日常所需的目的地都简便易达，各类共用的机构间紧密协作。同时，多样化原则还意味着社区的建筑富有本地特色，并随着居民使用的变化而不断更新。它与标准化原则相对立。

作为一项社会原则，多样化富有争议且极具挑战性。它意味着营建能够容纳不同年龄层、住房类型、收入背景以及种族的人群。共通性（commonalities）是社区的基础，不同人群之间的互动激发了社区的活力。然而，今日的美国却走向了极端：年龄、收入、家庭大小，以及种族都已经成为单独的市场部分，对应的社区被安置在了不同区位。要实现居住的完全融合，或许是一个较为长远的目标，然而，建立能够容纳更多经济和家庭背景、土地利用混合且包容的社区却是令人向往，且能够实现的。美国的经济适用房项目 HOPE VI 就是个很好的例子，它将以往单一低收入家庭聚集的联邦政府住房项目替换成了多种收入家庭混合的社区，这一激进的范例证明了多样化原则的可实施性。

多样化原则同时也具有关键的经济含义。过去只关注单一行业或者单个的政府项目的经济复兴策略一去不复返，取而代之的是借鉴生态学思维模式来整体应对产业集群。人们发现维护一系列不同却相互补充的企业（不同规模；不同作用范围）是繁荣而可持续经济的关键。并且如今的城市主义和人们的生活质量在新兴经济中起到了过往无法比拟的作用。

最后，多样化能够协助地方以及区域自然资源的保护。很明显，如果明白了生物栖息地、生态圈以及水系流域的复杂性，那么对于开放空间的规划方法也会随之改变。如今的规划对于动态的休闲区、农田以及栖息地的保护这几种类型往往不加区分、随机安排。正如建成环境一样，城市中自然区域的种类以及范围的多样性也是至关重要的。不同类型的开放空间类型，包括最为动态的休闲区和最为静态的保护区，都需要融入到社区以及区域设计之中。土地利用的多样化、人口的多样化、企业的多样化，以及自然系统的多样化是可持续未来的基础。

节能保育

除了节约地利用资源和保护自然系统外，节能保育原则在社区设计中还意味着保存和修复一个地方的文化、历史以及建筑等资源。节能保育原则呼吁人们设计更为节能的社区和建筑——消耗更少的能源、土地和原料，减少废弃物——同时，节能保育原则也呼吁人们对已有资源的珍惜，同时培养对于物质空间、社会层面以及自然景观的重新利用和维护的习惯。修护与保护不仅仅只是环境相关的主题；它们同时也是在地区和区域两个尺度思考社区的方法。

保护资源在社区规划中有诸多明显的含义。首先是保护不断被蔓延式发展以及公路建设所侵占的农田和自然系统。即使在紧凑、适宜行走的社区，关注资源保护也会诱发很多新的设计策略。对场地原有水系的保留，以及现场的水处理系统可以为场地增加独特的个性和自然景致，同时还能净化水质。建筑的能源保护策略可以使得建筑更为节能的同时增加其可识别性。

保护历史建筑以及社区中的公共机构建筑可以为社区提供识别性高的标志。修复具有本地特性的建筑能够降低能源成本、重塑地区历史的同时创造就业岗位。虽然以前的保护运动催生了一批地标性建筑，但如今，人们对于保护有了更深刻的了解，保护工作不仅局限于建筑物外立面，而是延伸到了社会和经济层面，而这些层面是任何一个历史区域所赖以维持生计的。

保护人力资源是这一原则的另一重要含义。在美国的很多社区中，贫困、缺乏教育以及就业率下降导致了人力资源的浪费。而当贫困人口的聚集滋生了犯罪与绝望时，社区也就无从生存。在这样的背景下，节能保育原则就有了更广泛的含义：在受压迫和忽视的地区细心管理、恢复和挖掘社区居民的潜力。不应该存在有任何一个自然环境或是社区是可以被遗弃或者边缘化的。保护与恢复的实践能够为经济和社会两方面带来改善。

上述三个原则——人本尺度、多样化和节能保育——为社区设计指明了新的方向。而蔓延式发展及其区域结构则体现了完全不同的过时的模式：工业时代的批量生产、标准化和专业化。作为反击，新的三项设计原则为新一代的发展提供了典范，将引领我们从蔓延式发展走向可持续的社区。这些原则需要在社区以及区域两个尺度得到体现。区域设计已经慢慢成为我们经济、社会以及环境健康的关键，而那些适用于社区与城镇的城市设计原则对于区域设计也同样适用。

区域与社区

当社区和区域都根据人本尺度、多样化以及节能保育的原则进行设计时，两个尺度就会出现很多平行相似的地方。每一个原则在两个尺度中都有各自的含义以及设计意义。首先，区域的组成元素——城市、郊区和自然环境——应该视为一个整体；而社区的组成元素——住房、商铺、公园、公共机构以及商业——也应该视为一个整体。将各元素分离将会延续我们如今已有的诸多问题。正如同社区应该作为一个整体系统一样，区域也需要作为一个文化和经济的生态体系来对待，而非多个独立片区的拼贴。

有了从整体来审视区域的思想后，很多社区设计的方法就可以应用到区域上来。区域和社区都需要保护自然系统、繁荣的中心、人本尺度的道路系统、活跃的公共空间以及相互融合的文化。以这样的方法对区域进行设计将为社区提供一个健康的基质，而同样的方式来设计社区则将为可持续、融合的区域提供支持。两个尺度上的设计不但有很多的相似点，而且可以相互补充。

区域的主要开放空间廊道，例如河流、山脊、湿地或者森林可以视为城市的中心绿地。这些自然的公共空间建立了区域的生态特征。同样，社区的自然系统和公园对于其个性和特征也起着基础性的作用。开放空间和公共机构以及商业中心一样，是社区的重要组成部分。

正如社区需要一个活跃的中心，区域也需要一个活跃的中心城市来作为其文化的核心，联系整个经济体。在蔓延式发展中，两种尺度的中心都已经丧失，因为遥远而散布的商业区取代了传统意义上人本尺度的城镇中心。在城中心，工作岗位不断的流失到郊区的办公园区中，使得贫困与投资不足侵蚀了社区。区域中心与社区中心都成为了关注于批量化生产的大型企业的牺牲品。如同自然的开放空间与市民公共空间一样，这些城市与郊区的中心是地区与区域凝聚力的基础。

社区与区域设计还有其他的类似之处。社区的人行尺度——适宜步行的街道、自行车道、临近布置的目的地——这些在区域公共交通体系有一个平行体。公共交通体系组织一个区域的方式与适宜步行的街道网络组织社区的方式基本相似。公共交通线路能在区域中吸引开发，正如商业老街在社区中的集聚作用。居民可以通过步行或者自行车换乘公交来抵达区域性的目的地，从而使得步行与自行车出行在社区获得生机。同时，步行友好的社区为乘坐公交的人和车站间提供了便捷的联系，从而强化了公交系统的运作。如果能够当做平行体系来妥当设计，两者将相辅相成。

多样化是社区和区域两个尺度很基本的设计原则。多样化的人群和就业岗位能够在区域内创造一个应变力强的经济体和丰富的文化，正如混合的土地利用与多样的住房选择将营造一个复杂而活跃的社区一样。郊区蔓延式的发展试图根据年龄以及收入状况等分隔社会结构，这体现在区域尺度则表现为与日俱增的空间与经济的极化——或者按照罗伯特·莱克（Robert Reich）在《国家的运作》The Work of Nations 中所描述的，这是"成功的退化"。

上述这些类似之处绝非偶然。文化与经济的本性在不同的尺度会展现出相同的品质。而设计思维从工业、机械的角度向生态视角的转变也将会在不同的层面展现出来。

区域主义崭露头角

我们正处在区域主义的初始期，尝试着不同方式、理念以及实施策略。在过去的20年里，诸多区域设计、政策以及立法慢慢的在美国的几个州开始演化。在这些早期的尝试中，有一经验是共同验证了的：没有一个固定的途径能解决所有的问题。每一个地方都有属于自己独特的历史、规模、生态、地理、经济以及政治环境，从而需要有不同形式的区域主义来应对。

值得注意的是，美国已经有很多区域性机构正在协调重要的基础设施、投资以及政策——但是这些机构及其工作都很零碎。区域交通投资作为州与联邦基础设施拨款的一部分，是由都市规划机构（Metropolitan Planning Organizations, MPOs）控制的。但他们没有权限管理土地利用，而土地利用往往又是交通基础设施需求产生的主要因素。其他单一目标的区域机构也在慢慢产生和成熟。一个很好的例子就是三藩的湾区保护与发展委员会（Bay Conservation and Development Commission），他们控制着湾区的开发活动。然而，土地利用仍然是属于当地管辖权限中非常独立的一个领域，这一现实是区域主义所争议的核心。

有效的区域主义并非让所有的城镇拱手交出土地利用控制权。一些宽泛的政策、目标以及基础设施标准可以在区域尺度确立，然后地方政府再通过自身的总体规划以及设计法规来加以实施。区域可以和地方政府在主体开放空间体系、基础设施构架、主要就业中心区位、大型交通基础设施，以及住房结构等方面协作制定相应的政策和目标。在这些区域政策和目标的指引下，各个地方政府可以为自己量身打造发展规划来控制住房、交通、开放空间、土地利用以及城市设计等社区要素。

事实上，如果没有区域政策引导，很多地方的行动都将受挫。举例来说，没有区域的支持，单个的城镇就很难实现开放空间系统的保护。还有，主要的交通梳理工程是不可能在单个的城市层面进行的。而土地利用应该在地方政府层面进行决策，同时在区域尺度进行协调。

美国的俄勒冈州和华盛顿州为我们提供了两个不同的区域政策、设计以及公众参与的模式。俄勒冈州采取了一个较为从上至下的模式，由地区选举代表来组建区域管理机构。这一机构的主要职能是制定框架规划（Framework Plan），规划将设定总体开发量、基础设施以及土地利用政策，以及城市空间增长边界（Urban Growth Boundary）。与外界想法不同的是，城市空间增长边界并非为了限制发展或者阻止蔓延而设立的；它的目的是为了保护农田并且阻止影响市场稳定的土地投机行为及其导致的过高税赋。1972年的立法规定，城市空间增长边界要保障未来20年城市土地需求，并且周期性的调整边界以适应发展。在1992年之前，这一边界的设定对于城市形态以及郊区开发基本不构成任何影响。到了1992年，俄勒冈开始了一个名为都市远景2040（Metro Vision 2040）的概念规划，并向公众征求意见：区域是应该"往上发展"还是"向外拓张"？在了解了不同的选择与利益权衡之后，大部分的群众选择了紧凑型开发的"往上发展"模式。

俄勒冈州给我们的启示并非是需要建立一个从上而下的区域机构来掌管地方政府的土地利用权，而是一个地区必须从区域的层面来分析未来发展的影响，并以此指引未来发展方向。当蔓延式发展对于生活品质的负面影响、基础设施成本以及环境影响等分析非常清晰的摆在人们面前时，老百姓会自发的选择更为紧凑、以公交为导向的开发模式。只有当不同的开发模式所引致的积累效应和成本非常清楚的展示出来，人们才能做出正确的选择。

在华盛顿州，区域的协作始于"远景2020"项目（Vision 2020）。项目为西雅图区域制定了一系列层级的中心以及满足不同社区需求的空间发展边界。这一项目收到了非常好的效果，直接促使华盛顿州对空间增长管理进行了立法。根据华盛顿州空间增长管理法案（Growth Management Act），地方政府仍然保有土地利用决策的主动权，而区域机构则设定整体的发展方向作为上诉委员会仲裁地方事务的依据。每个地方政府都要制定发展规划来承接上层次规划的配额，并设定当地的城市空间增长边界。对于违反当地城市空间增长边界或者不履行本地就业与住房配额的行为，人们可以控告地方政府。这样一来，环境保护主义者在对抗蔓延式发展时就有了法律武器，而开发商在与反对任何地方开发的邻避（NIMBY）对峙时，也有了依据。

在州长帕里斯·格莱登宁（Parris Glendening）带领下的马里兰州走出了第三条路子。他们为高速公路、污水管网、自来水、住房、学校以及经济发展援助等公共投资项目设定经济效率标准，然后通过这些标准来调控土地利用。与其他州直接管理开发区位和开发模式不同，马里兰州的社区保护与精明增长计划（Neighborhood Conservation and Smart Growth Initiative）将州政府的公共投资限定在了"优先资助地区"（Priority Funding Areas）。这一做法不是为了调控市场或者限制个人开发，而是让公共投资更为有效。值得注意的是，"优先资助地区"是由地方政府划定的，而非州政府。但州政府对于地区的划定也有要求，除了增长的需求外，还有最低密度以及统一的基础设施规划等。优先区之外的地方也可以发展，不过经费则由私人业主或者地方政府承担。这样，州政府保证了其财政的有效性，而私人开发商则有了更好的导向。由政府资助的蔓延式发展得到了遏制。

除了上述项目，马里兰州还有若干项目来保护开放空间并在现有城镇中心鼓励就业增长。其乡村遗产项目（Rural Legacy Program）利用营业税和债券来融资购买地役权以保护关键的开放空间和农田。这一项目主要是针对那些位于优先区之外却又缺乏保护的地区。就业岗位税收减免项目（Job Creation Tax Credit program）则为在优先区内增加岗位的公司提供税收减免。而"就近居住"项目（Live Near Your Work program）则为那些愿意提供匹配额度的公司提供职工购房资助。其目的是为营造紧凑而拥有高效服务的社区，同时保护开放空间和农田。马里兰州的方法是各类鼓励机制与限制措施的复杂综合体，但所有措施背后的理念都是一致的：调整州以及联邦对于基础设施的投资，蔓延式发展自然而然会衰减。

随着政权转移，马里兰州的这些项目都已停止。然而，其通过有效投放政府基础设施投资来管理资源的方法值得借鉴。这些项目在明尼苏达州的明尼阿波利斯—圣保罗都市区一直以城市服务边界（urban service boundaries）政策的形式存在，这些政策旨在将自来水、污水管网以及道路基础设施投资限制在有效的范围内。

有些时候，自下而上的非政府方法也能奏效。在盐湖城，有一个名为"展望犹他"（Envision Utah）的民间组织，为盐湖城这一快速发展地区未来新增的100万人口设定了几个不同的模拟增长情景。这些情景差异很大，有紧凑的公交为导向的开发模式，占地112平方英里；也有蔓延式开发的439平方英里。这两个极端情景下的基础设施投资差异是相当巨大的——蔓延将使平均每户增加三万美金。此外，蔓延的低密度开发不能满足市场对于多户公寓以及经济适用房的需求。而低密度的开发模式反映了区域内诸多郊区逐步采纳排外性区划的趋势，这些排外性区划设置了很大的地块最小值从而使得新的开发只能是大地块的单栋独户住宅。

展望犹他组织的工作显示，如果将问题拆开来看，人们往往反对高密度开发。然而，如果将蔓延式开发所导致的积累效应，包括开放空间流失、经济适用房以及额外税赋等现实问题展示出来，人们的反应就会大为不同。从邮寄回来的调查问卷显示，仅有4%的回执坚持低密度开发，而66%的人赞同更为紧凑的模式。

此外，回执中大部分也赞同更为适宜步行并配备公共交通的开发模式。最受青睐的情景模式与市场对于多户公寓以及小地块单栋住宅的倾向相符，同时在假设中还将单栋独户住宅的地块较现有模式缩减了将近20%。这一情景还将五分之三的新居民布局于规划轨道站点800米以内的范围，并倡导土地混合利用使70%的新社区适宜步行。

来自于展望犹他这一民间组织的努力受到了政府的关注，犹他州立法通过了高质增长法案（Quality Growth Act）。与马里兰州的法案类似，这一立法成立了一个专门委员会来在指定"精明增长"区，这些区域将成为新开发与再开发的重点，同时享有州以及联邦政府对于基础设施与公共服务投资的优先权。而其他地区的发展，则需要自掏腰包。

至今，高质增长法案仍在犹他州如火如荼的进展着。如今，其新建的轻轨载客量已经超过预期，旧城重新恢复生机，许许多多的郊区城镇为了能够使轻轨线路延伸到他们的社区，纷纷争相规划以公交为导向的开发。区域内最为成功的案例要算Kennecott Land公司开发的拂晓城（Daybreak）。拂晓城能够容纳两万个家庭，它证明了，在犹他州这样以大地块蔓延式开发为主的地区也可以建设紧凑、混合利用并适宜步行的社区，并能够取得销售上的成功。实际上，从四年前拂晓城开盘至今，它一直是犹他州销售最好的社区。

所有这些策略都意识到，一个确定的区域规划乃是城市主义的先决条件，而公共参与是政策成功的关键。将细碎、分散的开发模式所导致的负面积累效应清晰地展示出来时，公众往往都会支持激进的政策，哪怕是在非常保守的地区。人们需要换一个角度思考：从整体效应上来审视开发模式，而非单个的项目。区域性的挑战需要的不仅仅是地方的视角。

以混合利用场地为基础的分类将取代单一土地利用分区的旧模式——社区取代郊区住宅区，乡中心取代购物中心，而镇中心取代办公园区和大型购物城。

第五章　城市足迹

将传统城市以及绿色城市主义的设计原则转换成可以用于指导实际开发的标准，需要我们重新思考区域的基本建设单元及其权限——从而建立一套新的交通体系以及土地利用语言。最终，我们的交通系统将会从以汽车为中心转换成为步行、自行车、公交以及私人汽车共同服务的紧密而贯通的道路格网——也就是我们现在所说的"完整街道"（complete streets）。同样，我们的土地利用方法也会从分隔的单一土地利用片区转换成丰富、细致的混合利用场所和社区。与如今我们在规划图上看到的简单土地利用不同，我们需要更为多样的"场地类型"来设计完整的区域、城市以及小镇。这里有五个以场地为基础的基本类别：社区、中心、片区、保护区以及廊道。

社区是居住区最基本的构成元素，其定义是一个将各类住房与公园、学校以及本地公共服务融合的适宜步行的地区。中心是为一组社区提供服务的混合利用的地区，它们包括就业岗位、住房、公共服务以及区域性的零售商业。片区是指特殊功能的单一用途片区，例如大学、文化中心或是机场等。保护区是区域的开放空间元素，可以是农田、郊野公园，或者自然栖息地等。廊道是区域中社区、中心以及地区的连接线或是边界。它们的形式多种多样：道路、高速公路、铁路线、自行车道、高压线廊道或是小溪和河流。通过采纳上述五种基本元素，我们可以重新构思来调整区域以及本地的规划。

社区

郊区住宅区是美国最为常见的景观——由主干道分隔、居民收入、年龄以及建筑形式都非常单一的一组住宅：它们构成的是均质的社区，而非多样化的社区。而一个真正的社区是要复杂很多的——它的定义难以捉摸且多变，它存在的形式，密度以及规模都很广泛。社区较为理想化的空间形态包含有适宜步行的环境、明确的边界、共享的公园和设施，可识别的中心以及学校。真正的社区居住着各类型的人，无论富裕或者贫困、家庭大小、年龄层次。它的多样性以及人本尺度孕育了一种特有的亲密性和社会性，从而为社区提供了强有力的个性以及归属感。

很多社区并不满足上述理想形式，但仍然是健康的。例如，一些居住区属于多中心形式，这些中心供多个社区共享。事实上，社区很少会是与世隔绝的，而是以地区重叠、功能共享的网络形式存在。它不一定有一个简明的界限和单一的中心。在如今数字化时代，虚拟空间和现实空间在人们生活中有着同等的作用，因此很多情况下，一个成年人的社会和经济生活是区域性的。尽管如此，一个现实的社区对于儿童、老年人以及我们所有人都必不可少——本地的朋友、熟人以及熟悉的店铺老板等都是我们生活的一部分。同时，多样的社区也让我们能够了解和接触到那些和我们不太一样的人。

我们所生活的各类社区就像一个可收缩的望远镜，大小不同、并且环环相扣。最小的一环是人们步行可达的范围，这个范围并不能完全的满足我们生活之所需。很多情况下，我们的社区感不仅仅局限在我们生活的地方，而是延伸到与其他社区共享的区域。当然，社区的个性特征与范围也因人而异：老年人和儿童会认为社区是一个严格界定的属于"他们"的地方，而移动性很高的成年人对于社区则会有一个更为广泛的定义。每个人的心象地图（mental map）是不一样的。

与物质空间同样重要的，是社区中产生的社会、经济以及文化网络。而社会学家认为这些网络能够蕴育"社会资本"（social capital）。这一概念是由哈佛大学的罗伯特·普特曼（Robert Putnam）在20世纪90年代初期推广的。他认为社会资本是由"市民参与、健康的社区机构、互惠互利的机制以及相互信任"构成的。社会资本能够将人们的自我认知从"我"拓展到"我们"，鼓励人们协同合作来解决共同的问题。普特曼从研究中发现，社区生活和民主的活力，都需要依靠非正规的网络，而这些网络只有在紧密的社区机构与组织下才会产生。他认为，有了社会资本的社区就能兴盛，反之则会衰退。

普特曼指出，美国的社会资本正在衰减，这一言论在学术界掀起了不小的风波。他用实证数据证明了美国各类社区组织的市民参与度正在急剧下降：无论是教堂、工会、家长教师联合会、麋鹿俱乐部（Elks Club），还是妇女选民联盟（League of Woman Voters）、红十字会、童子军，以及保龄球俱乐部。在他的著作《独自打保龄》（Bowling Alone）里，普特曼引用了大量数据证明现在的美国人已经远远不及以前那样积极的邻里互动了[1]。

普特曼等社会学家未能向人们解释究竟是什么原因导致了美国社会资本的消失。而一些学者认为我们的社会资本并未消减，而是人们的社交方式转变了。人们不再相约在一起打保龄，而是在网上联络，这样的网络社交同样能够产生社会资本。换句话说，这个观点认为我们不需要稳固的实体社区，有稳固的虚拟社区就足够了。

人们很容易就会觉得，如果有了网络和虚拟的沟通，哪怕与邻居不相往来、人们不再面对面交流或者邂逅不再发生，我们仍然会有丰厚的社会资本。然而，无论我们的聊天室和Facebook变得多么强大，很难想象一个社区逐步瓦解的区域会稳固和繁荣。普特曼认为这样的观点是违反人们天性的："我的直觉告诉我，在保龄球场或者沙龙里聊天与在网络聊天室里聊，是不一样的。"

中心

乡、镇以及城中心是区域内工作岗位以及社区居民目的地的集中点。它们将社区统筹组织成区域经济和社会的基本构成元素。这些中心拥有混合的土地利用，并将各类住房与商业、办公、零售、娱乐以及市政功能相结合。它们构筑了区域的主要就业中心。除了就业，每个中心都含有各类市政功能和开放空间，例如公园、广场、教堂、政府机构、娱乐设施以及托儿所。最理想的状态下，这些中心拥有适宜步行的道路网，街道尺度宜人，两侧布置有步行可达的各类设施。

中心和社区是不同的，但是中心可以包含有社区。社区主要以居住功能为主，配备以一些市政、娱乐等配套功能。而中心则主要以零售商业、市政，以及就业为主导，配备有部分住宅。中心是若干个社区的目的地。中心同时也是公共交通站点以及换乘点。从定义上来讲，中心是区域的TOD（以公交为导向的开发）地区。

村中心到城中心存在着等级差别，但不同中心间没有非常明确、硬性的区分，仅是质上的不同。但是，所有的中心都与大型购物中心、办公园区或者工业区这些替代品有着极大的差别。尽管很多的商业开发都标榜自己是村中心或是城镇中心，却都是名不符实。真正的中心除了适宜步行并且混合利用之外，它们丰富的市民性是大型停车场与单独的购物中心无法营造的。

村中心是中心类型中最为常见、规模最小的。其零售商业部分主要由本地的商铺构成，包括便利店、药店以及其他小型商铺和饭馆。村中心往往采取首层零售商业加二层居住或办公的形式来达到土地的混合利用，它将休闲娱乐与市政服务与上述的功能融合到了一个步行可达的街道系统之中。通常，村中心是5~10个社区居民共享的目的地。

镇中心比村中心尺度更大，更具商业性。通常它包含有大量的办公空间和就业岗位，并配备有夜生活相关的设施，例如电影院、剧院、博物馆和宾馆。其零售商业部分与行业中称为"社区中心"的规模比较相似，由几个大型商场为主体，配备若干专卖店和餐馆。位于二层的办公和居住则为镇中心添加了更多的城市风情，影剧院、酒吧用于烘托夜生活。

镇中心最为重要的潜力在于承担次区域中心以及主要公共交通联系的功能。与郊区蔓延式开发不同，镇中心的办公楼不会被停车场围绕，其不同的土地利用也不是被主干道所分隔。停车库将位于建筑背面，除服务于上班族外，夜晚与周末也用于服务于其他停车需求。居住功能则为镇中心增添了城市生活气息。较为高密度的开发以及土地利用的混合使镇中心成为区域公共交通体系的主要站点。

要为城中心定义是很复杂的，因为它存在的形式、密度以及特征丰富多样。城中心是区域中形态最为紧凑，功能最为多样的地区。城中心和其他类型的中心一样，必须是混合利用、适宜步行、高密度，并配备有完善的公交服务。同时，城中心要比其他类型的中心更具包容性、更为多样化、更为活跃、高密。它们蕴含着区域的历史、面貌、经济以及文化特征。它们是区域文化与经济的核心，同时也是都市交通系统的公交枢纽。

区域可以，也确实拥有多个城中心。拿三藩湾区为例，这里就有至少三个城中心：三藩市、圣何塞以及奥克兰。无论是多中心还是单中心，城中心塑造了区域的核心。它们是商业、文化以及市民的中心，打造了都市圈在全球的名片。城中心可以变化多样，如芝加哥、波特兰和洛杉矶就风格迥异，这些差异的存在对周边都市区起到了界定作用。

片区

在新的分类系统中，不是所有地方都可以作为城区或者混合利用的。片区就是这样一个分类，它容纳了难以实现混合利用环境的功能——这些功能在尺度、兼容性以及特征上都不能与社区或者中心相容。片区的例子很多：轻工业或者重工业区、机场和主要港口、大型零售商城或者配送中心、军事基地，以及大学院校等。同时，片区也容纳了难以被居民接纳的功能，例如：垃圾场、屠宰场、汽修厂、铁路机车站场、监狱等。这些功能对于区域的整体运作相当重要，但是必须与社区还有中心分隔设置。

不幸的是，有些分隔的片区其实是可以，也应该和中心融合的，办公园区就是一例。在现有土地利用规划中，这些主要的就业岗位被单独划分到临近高速公路出入口的地方。办公园区被错误的与工厂等用途混为一谈，被认为是不适宜与中心相容。相反，办公园区应该成为混合利用的中心的一部分。它们融入中心以后可以强化中心的零售商业、巩固公共交通系统并增加各类中心的公共价值。

要实现办公园区与中心的结合，在设计上的挑战在于如何保证人本尺度以及步行连接的同时，融入大尺度的办公建筑及其更大尺度的停车空间。在城中心，解决途径早已存在：高层办公楼加首层零售商业。在镇中心，适宜步行的方格网能够为中高层办公楼提供充足有效的建筑布局空间。与其他土地利用共享停车场、建造停车库或者通过增强公交来降低停车需求等措施都可以缓和大型停车场对城市空间造成的分隔效应。为城市道路设立不同层级，从而使办公楼的一侧可以设计适宜步行的临街面，而在另一侧安排物流与停车功能。

其他被错误分隔出来的片区还包括文化、宗教以及市政设施。美国随处可见的娱乐区以及市政中心其实都可以用于完善并巩固镇、村中心。市政机构、宗教场所以及文化设施能够融入到社区的肌理之中，与社区的就业、购物以及住房合理搭配。法院广场并不需要孤立出来，它可以成为商业老街的一个理想节点。同样，剧院演艺区以及影院大楼也应该成为中心的一部分来凝聚我们的社区。

另一方面，轻工业和重工业则应该被分隔出来。这些片区分布了较少的就业岗位，同时大型货车频繁出入，建筑尺度庞大，不适宜混合利用。仓储设施以及涉及危险原料的企业应该被分配到特殊区域。而大型的零售商业在某种程度上也属于轻工业用途，因为它相当于直接销售商品的仓库。除非能够在形态上进行调整使其更吻合城市氛围，否则应该与中心分离设置。然而，无论形态如何，这些大型零售商业对于地方上小尺度的零售业具有很强的破坏效应，而这些小尺度零售商业对于城市主义以及社区的营造又起着关键的作用。这一矛盾也正是城市主义最大的困惑：大型零售商业为众多家庭提供了廉价商品的同时，也摧毁了商业老街、地方小商铺以及本地的生产。

大学院校等片区，由于其功能上的需求而被分离了出来。当然，这些片区应该有清晰而明确的界限，但这些片区与混合利用中心之间的联系蕴含着丰富的开发机会。在美国，许许多多的大学城中"城与大学"（Town and Gown）的相互作用往往为地区增添了独有的个性与趣味。

保护区

保护区或许是区域设计中最复杂也最具争议的基本构成元素：其复杂是因为保护区涵盖了诸多不同的景观、区位以及可能的功能；其争议性来源于人们对于保护土地的方式及其经济影响无休止的争论。除了现在已经由州和联邦法律保护的地区（湿地、重要栖息地等），确定哪些景观作为保护区来加以保护是区域规划中的重要部分。位于区域边界的自然保护区以及区域内部的生态廊道固然都很重要，但是保护区的划分往往需要先应对诸多政治和经济的挑战。

有时，自然元素可以为区域提供非常清晰的界限，洛杉矶西面的海岸线以及东面的山脉以及西雅图的湖泊与水岸就是很好的例子。但这样的例子是相当少的，比如丹佛和芝加哥的周边就是茫茫草原，很难找到清晰的自然边界。在绝大多数的区域，仅依靠重要自然要素的保护不足以能够控制蔓延式发展。而保护那些不可建设用地——湿地、河道通廊、陡坡、流域、森林以及濒危物种栖息地等——很少能够为区域界定一个完整的界限。我们需要将开放空间保护、基础设施规划以及土地利用控制相结合才能有效地指导空间增长的区位和类型。

保护区分为两类：社区间隔体和区域边界。社区间隔体是通过营造开放空间来作为区域内社区和社区之间的分隔。很多社区都在避免像郊区居住区那样通过生冷的墙壁作为分隔，而社区间隔体就是非常好的选择。它们通常是被保护起来作为本地的农场、栖息地或者休闲功能。可以通过让相邻的开发项目相互协调来让出一片连续的开放空间作为社区间隔体，或通过城市增长边界以及直接购买开发权等方式来获取。由于社区间隔体在空间上是临近基础设施以及现有开发的，因此，倘若没有法律限制，通过经济的手段来获取是相当昂贵的。

而保护农田作为区域边界就不同了。其地价不高，而且除了区域规划以外，还有很多方面都提出了对区域周边农田的保护需求。保护区之所以重要是因为美国很多地区的高质量农田正在受到威胁。美国农田信托（American Farmland Trust）的报告指出在1982~1992年间[2]，美国每年有40万英亩的优质农田被侵占。都市区往往位于水土肥沃的河谷地带，因此优质农田往往遭受侵蚀。事实上，美国面临高城市化发展压力的郡贡献了超过全国农产品一半的产量。然而这一问题涉及的不仅仅是建成区周边已经耕作的"冲突区"（Zone of Conflict），还牵涉其周边地区。根据美国农田信托的研究，如果在加州土壤肥沃的中央谷地有一百万英亩的农田牺牲给了城市化，那么将有250万英亩的农田将陷入受影响的冲突区[3]。

很多地区采用了税收鼓励政策来保护关键的农田、森林和栖息地。例如，加州的威廉姆森法案（Williamson Act）就用来降低农田的物业税。而公共土地信托（Trust for Public Land）的运作则证明开放空间地役权可以部分通过税收优惠来融资。尽管有这些优惠措施在，保护绿带来限制蔓延式发展仍然是一场艰苦的战役，因为农业用地转成建设用地所带来的利润往往远超过保护农田的税收优惠。因此，城市空间增长必须有谨慎的基础设施规划，或者顶住争议，通过实施城市空间增长边界以及区域规划来指引。细碎的保护工作能够支持保护工作，但是无法替代全局性的开放空间保护规划。

除了保护我们的农业生产力以外，选民的需求也是推动保护区的一个重要动力，他们不会考虑农田的肥力分级或是生态价值，他们想保留的是城市周边的田园风情和乡村遗风。无论是为了景观价值或是满足人们对于本地新鲜食品的需求，这一保护的动力已经促成了全国性的活动来融资收购开放空间以及购买土地开发权。一个完整的区域设计必须包含栖息地的保护、重要农田以及景观视觉廊道的保护。保护的工具和手段与需要保护的土地类型一样丰富多样。与社区间隔体一起，自然和农田保护区构成了区域关键的结构性元素。

廊道

廊道的种类和尺度不一，有人造的或自然的，但它们都与流动相关。水流、车流、货流以及动物在栖息地的活动形成了每个区域独特的廊道。廊道既是社区的边界也可以是社区中各个市民空间的连线——商业老街或是沿江绿带既可以是节点也可以是节点间的连线。廊道构成了区域的空间骨架，它们为区域未来的发展拟定了框架。

自然廊道可以是特定的栖息地、独特的生态系统，或者水系流域。很多情况下，自然廊道涵盖了所有三个元素。其连续性对于廊道的活力和有效性起着关键的作用。廊道系统越是破碎，其生态价值也就越低，因而塑造和限定建成环境的能力就越弱。因此有必要从区域的尺度出发来解决开放空间问题，同时有必要保护连续的廊道而非单独的区块。

每个区域都有一个流域结构，它是区域自然形态的基础。流域是由积水区（山体和坡地）、排水区（溪流、湖泊，以及河流）、湿地（三角洲和沼泽地），以及岸线（沙滩和悬崖）构成。区域中也许还有其他值得保护的廊道——例如某种特定的濒危物种栖息地，独特的生态系统或者景观廊道——但上述四种基本流域是非常基本的，而且往往包含有其他类型的廊道。流域中的很多元素，例如湿地、栖息地以及岸线等都受到联邦法律的保护，但这些法规的实施效果往往过于零碎，受保护的地带相互分隔。保护自然廊道的连续性比数量更为重要。

利用区域的水道作为主要的廊道系统不仅仅是精明的生态措施，同时也可以提高居民生活品质。加州首府萨克拉门托的美洲河绿化带（American River Parkway）就是一个很好的例子。这一23英里的公园不仅仅保存了大量珍贵的湿地、栖息地、河漫滩，保护了水质，而且为整个区域积存了重要的休闲娱乐资源。它成为了区域内居民都认同且共享的地区。然而在很多地方，有价值的水道往往都牺牲在了私人开发、防洪控制项目，或者渠化工程之中。重塑那些失去的河道、修复生态是每一个区域在营造开放空间网络过程中都必须承担的任务。

近期，太平洋西北部地区的濒危物种名单上增添了一员——三文鱼。这一举措为我们提供了一个栖息地保护、水道保护以及区域土地利用模式三者相互作用的绝好案例。三文鱼被列为濒危物种以后，区域的土地利用发生了很大的变化，不仅水道需要得到保护并设置缓冲带，而且水质与水温也要受到控制，这就牵涉到整个流域的开发活动，因为建成环境对地表径流有直接影响。从而控制不可渗透地表的总量（impervious surface）、滞水池以及水质处理系统成为了区域设计的核心要素。这些系统反过来也成为了社区的资产，就好像大范围的流域成为了区域珍贵的开放空间一样。生态与城市设计融为了一体。

与自然廊道同样重要的是人造的基础设施廊道。自来水系统、污水管网、排水系统、高速公路等基础设施构成了区域开发的骨架。如果这些基础设施延伸到了更适合农耕或者生态保护的地区，那么无论什么规划或者法规都无法阻拦开发的推进。因此，合理的设计和安排基础设施，使其高效、紧凑并尊重区域的土地利用规划远景是非常关键的。明尼阿波利斯与圣保罗所采用的城市服务边界（urban service boundaries）就是利用基础设施规划来作为区域设计工具的很好案例。

基础设施廊道必须在两个方向上与土地利用政策衔接：它们必须在城市填充与城市重新开发的地区拓张并且升级，同时在需要保护的地区受到限制。这一衔接工作必须在区域的层面开展，因为本地的政客往往只顾着本地的开发利益。如美国的高速公路一样，过去40年的错误观点是要在远郊铺设基础设施——这成为了蔓延的催化剂。

对年久失修的廊道进行翻修和重新利用，是任何包括了城市填充与重新开发项目的区域战略所必须涉及的。老的郊区所遗留下来的商业带为我们提供了机会来重新开发成混合使用适宜步行的地区。在这些地区，道路需要得到重新设计成更好地服务于步行、自行车和公交的形式，而基础设施则需要升级以服务于更高密度的开发。

或许最好的廊道重新利用在于使用率很低的轨道上。老旧的铁轨可以成为新的公交线路，用于联系区域的历史核心以及老的郊区。这些老的铁路线就如同我们的商业老街——能够支持现在急需的开发类型，因而重新开发的时机已经成熟。

廊道，是区域其他构成因素（包括社区、中心、片区和保护区）的上层结构。廊道的设计既能为城市填充提供合适的机遇，同时也能反过来形成分散型的发展造成社区的衰败；它能为人本尺度的社区提供合理的边界和联系，同时也可以催生新一轮的蔓延式发展。

城市足迹：新的设计工具

前文所述的设计原则、场地类型以及区域的构成元素为我们的社区开发提供了新的思路，并可以形成一个新的规划体系。将这些元素整合成一个自我强化的完整体系并在全国范围内实施是下一代规划师与设计师需要肩负的责任。社区、中心、片区、保护区以及廊道的分类方法将最终取代单一土地利用分区的过时方法——社区取代郊区住宅区，乡中心取代购物中心，而镇中心取代办公园区和大型购物城。从而混合利用的城区将又一次获得法律认可。

伟景加州项目（Vision California）中开发了一个新的规划工具——城市足迹（Urban Footprint），从而在改革的路上迈出了第一步。这一工具采用了混合利用的场地类型来取代传统的单一分区的土地利用。同时，它将各种场地类型的关键环境、经济以及社会要素量化。从而在城市规划或者区域规划中不但能够使得混合利用成为规范惯例，同时还能获取关键的数据。此外，每一种场地类型都包含有一套城市设计准则来替换过时的区划。城市足迹是将设计、分析以及土地利用控制融为一体的规划工具。

城市足迹为完整的社区设计中所涉及的每一个元素都提供了标准。除了传统区划中的开发密度和使用功能以外，每一个场地类型都界定了城市氛围营造所需要的混合利用、与开发强度吻合的道路系统、建筑的城市设计参数以及与生态相关的环境系统。它融合了城市形态、土地利用、交通以及环境控制的各类标准，填补了现有规划方法的空白。

我们设计中普遍存在的问题是土地利用、城市形态、环境调控、街道设计、市政工程以及景观的标准都是独立的并且由不同的公共机构、法规来控制，各自的审批过程也不一样。此外，每一个专项——交通、市政、规划、景观以及建筑——都有自己的方法，很少有相互之间的协作，或是对场地特殊性的尊重。

举例来说，我们的道路设计主要是基于理想车速和容量，而非道路所服务的社区种类。当一条高速公路进入城镇时，道路的性质、设计以及车速都应该改变。或者，当一条主干道进入乡中心时，道路应该为步行、自行车以及停车提供空间——也就是说，道路系统应该能够随机应变。同样，我们的环境标准也常常忽视场地的特殊性而采取一刀切的政策。雨水滞蓄标准（storm water detention standards）就是一个很好的例子，它要求市中心与郊区都建设同样的大型滞水池。对于低密度地区而言，大面积的滞水区是合适的，但是对于高密度的城区，珍贵的开放空间应该是多功能的，不应只做滞水用。

问题更大的地方在于建筑后退与停车标准。这些规范很少为场地的特殊性而做出调整，结果我们的城市中心区套用了郊区的大停车面积以及破坏步行环境的建筑后退标准。若要营造凝聚而合理的社区空间，所有的设计元素都必须相互协调并且为每一种场地——每一种城市足迹类型量身定做。

我们传统的区划中缺少了对于城市设计的考虑。设计元素被简化成了非常严格的量化指标——退让间距、建筑密度以及高度控制——从而使得城市与乡镇的质量受到了影响。伟大的城市空间里，建筑会与公共空间、环境相互对话，建筑历史会得到延伸。Duany Plater-Zyberk 公司以及新城市主义大会的其他成员开创性的研究出了被称之为"界面"（Transect）的工具，填补了现有规划的空白。这套工具（细节详见SmartCode）中涵盖了从自然到市中心的六种不同界面地区。这六种不同的地区为城市设计、景观、街道以及公共空间的标准提供了非常完整的框架。界面地区包括自然、乡村、次城区、一般城区、城市中心以及城市核心[4]。

而城市足迹中的场地类型能够很好地与界面搭配成一个强大的规划工具。城市足迹中含有的27种不同场地类型为城镇、郡，城市或者区域发展提供了丰富的品种和细节。它们都是基于前面探讨的五个基本分类（社区、中心、片区、保护区以及廊道）变化而来的。每一个场地类型都对应一个界面地区，含有土地混合利用、交通系统以及环境控制标准。从而，城市足迹模型为城市提供了一个全面规划混合利用地区的方法。采纳了这一方法的城市与区域不但可以制定完整的土地利用和城市设计法规，还能进行分析研究基础设施以及环境的影响。

除了交通出行以及碳排放，城市足迹模型能够测算种类繁多的附带效应。例如，场地类型中的建筑信息与当地的气候区信息相结合即可提供这个社区商业和民用的能源需求、土地消耗量、水资源使用、基础设施成本等关键数据。由于这一模型已经将演算过程预设好了，因此可以对规划草案、不同方案进行快速便捷的测算。此外，城市政府也可以基于场地类型来设立法规控制开发。

应对气候变化，我们需要转型，而转型所涉及的不仅仅只是进行分析、达成共识然后进行憧憬——它还需要设计领域的新工具、新方法和新标准。这一章节叙述了可以营造可持续未来的土地利用。对于土地利用政策系统性的转变将需要广泛的应用类似于界面以及城市足迹的新规划工具。然后再将交通投资与街道设计的新方法补充进来。简单来说，我们需要有区域性的交通系统来巩固公共交通并开发适宜步行的街道设计。下一章节里将会向大家说明，即使是设计完善的城区，也会因为缺乏合理的联系而失效。

曾几何时，城市开发与公共交通是城市发展中携手共进的伙伴；城市中心加上用电车与之相连的郊区构成了美国独有的都市区。

第六章　城市格网

有了新的土地利用，我们还需要新的交通系统：一个服务于可达性而非移动性的交通系统。长久以来，交通分析与道路设计将交通的目的降级成了如何最高效的输送汽车，而不是为人们提供可达性。可达性包括优化多种交通方式——步行、自行车、公交以及汽车——还有减少出行。正如在建筑节能上我们应该将减少能耗的策略优先于开发可替代能源一样，在交通上我们也必须优先考虑如何降低出行需求，再琢磨可替代的出行模式。混合利用的社区能够在降低出行需求的同时强化公交与步行的可达性。但它需要有新的规划方法以及新的道路与区域交通设计模式。

将每日所需的目的地与家的距离缩短是城市主义的一个基本要素，这需要有更好更频繁的公交服务。当然，如果只是停止高速公路建设而大力推动公交也不行，正好像把所有的新增开发都限制为城市填充项目一样，是不现实的。一个繁荣的区域必须有多种多样的交通模式。我们的交通系统中的各类模式要高效并能够无缝对接，同时在区域内对城市主义起到支持作用。

"出行模式分担"（mode split）是交通工程师的行话，用来描述出行是怎么解决的——步行、自行车、公交车、轨道，或小汽车。美国的平均出行模式分担显示出了极端的不平衡：有超过82%的家庭出行是通过小汽车解决的[1]。欧洲国家居民使用小汽车的比例比美国低了平均40%~60%。对比欧洲和美国的数据不仅仅揭示了美国人对于小汽车的依赖，同时也显示了其他出行方式之间的关系。在所有的欧洲国家，步行与自行车出行（不是我们想象的公交）占主导地位。这是因为步行在欧洲的城市环境中非常的便捷而且舒适——紧凑、混合业态以及步行友好的街道。而欧洲广泛的自行车道也使得自行车出行轻松且安全。所有这些意味着公共交通的便捷性也提升了，因为人们可以通过步行或者自行车轻松的衔接公交车站。在欧洲，很多人全程都自行车通勤，而也有相当多的采用自行车配合公交的模式，火车站里设置有多层的自行车停发场地，里面放满了自行车。

这一模式是不断自我强化的——更多的步行和自行车出行引致更为安全和富有生活气息的街道；更多的公交乘客引致更为频繁和广泛的公交服务。一组瑞典和美国的对比数据对我们很有启示。瑞典的平均收入较美国高，而气候条件比美国恶劣，从而瑞典人更有能力也更有理由多开车。然而，49%的出行在瑞典是自行车和步行，而这一比例在美国是11%；同时，公交的出行模式分担比例在瑞典为11%，美国是3%[2]。在瑞典，城市主义战胜了经济动机和气候两个挑战。

这些差异主要是由我们的道路设计以及路网造成的。标准的郊区交通系统有着严格的等级：尽头路（cul-de-sac）和支路将交通流汇集到集散路上（collector），然后交通流进一步涌入主干道和高速公路（系统中唯一的对外连接）。主干路网通常间距为一英里。这一树状结构的问题在于，所有的出行，无论是本地的或者是区域性的，都被迫汇集到了同样的主干道上。从而交通被集中了，而非分散了，这一系统的结果就是在低密度区域造成交通堵塞。此外，这一系统中完全没有考虑步行、自行车或者公交的需要，这些出行模式也必须沿着主干道运行。讽刺的是，尽管将步行与自行车等模式排挤在外，郊区的道路网并未能有效的运送小汽车。一般情况下，低密度的开发中很难会导致交通堵塞，然而美国却义无反顾的做到了。

很难再有一个系统会比郊区的道路更破坏人行环境了。有的郊区尽管设置了人行道，但步行很少能够抵达任何目的地，死胡同也很多。所有的道路都将导致行人在主干道两侧的恶劣环境下艰难跋涉。我们不惜成本的为汽车修建道路，但是却不为行人提供人行道、行道树或者设置沿路停车来改善步行环境。十字路口的超大尺寸是为了便于汽车快速转弯，而非为行人横穿的便利。事实上，很多十字路口过宽使人无法在一个绿灯时间内横穿。社区内部的道路尺度也过大，使得小汽车超速行驶，对自行车、特别是小孩子造成了威胁。基于汽车的道路设计总会在破坏场地空间质量的同时破坏步行环境。

这个以汽车为中心的系统最为核心的错误在于主干道上。由于缺乏多条疏散性的路径，所有本地的出行也被迫使用主干道，使得十字路口超负荷。而因为堵塞以及很长的信号灯时间，主干道的设计车速在实际中根本达不到。而十字路口的左转信号增加了信号灯相位使得情况更为严重。例如，算上信号灯延迟，在主干道上行驶两英里的平均时速可能是20英里每小时，而道路的设计车速仍是40英里每小时。这一毫无作用的高速设计破坏了步行和自行车环境，还不能快速的输送车流。无用的车速设计标准还取消了沿路停车，使得停车场和降噪板无处不在。从而，适宜步行的住房以及商铺不能沿街布置。同时，这些主干道的设计标准对环境置之不理。设计车速、尺度以及断面设计不会根据场地的不同而变化——无论是乡村、郊区或是市中心。

这样的系统中，主干道网络不可避免地将开发项目的设计推到了不利的方向上。它鼓励零售中心在其十字路口布局或沿着不适宜步行但却非常显眼的干道两侧布局——门前都摆放着巨大的停车场。叠加在这一主干道路网上的是区域的高速公路系统。高速公路与主干道交接的地方自然就成了大型购物中心与办公园区的温床。这一土地利用与交通系统的搭配，尽管越来越功能紊乱，但就其自身而言，是合理的。而这一系统的搭配无法融入混合土地利用的模式。偶尔会有一条公交线路叠加在这个系统上，为以公交为导向的城市填充项目以及旧城复兴项目带来可能。但是在缺乏这种偶然事件的情况下，新的开发只能沿着老路子走向蔓延式发展。

城市格网

能够替代上述交通体系的路网是方格网状的，而非树状的。如很多自然系统所展示的，重复是有益的，它提供给了系统以应变和储备能力。平行方向上重复的道路是有益的，它们能在多条道路上疏散交通流，同时允许本地的短途出行可以在小尺度的支路上解决。它们也使人们步行或自行车作短途出行时更为安全。

在这个替代系统中，主干道需要被改造以迎合不同的使用者——公共交通、自行车、汽车以及行人。它们需要被用于联系社区而不是分割社区——两侧应该布置住房或者步行友好的零售商铺，而不是大型购物城或者铁丝网。主干道的替代方案应该是一个能够承载大的交通流的同时又不横穿商业中心的新系统——起到连接和强化中心联系作用，而不是切断商业中心与行人的连接。最后，这一新的交通系统必须能够融入经济适用、布局合理并且与整体兼容的公共交通服务。

这一新系统在名为芝加哥都市区2020（Chicago Metropolitan 2020）的区域规划中诞生了。这一区域规划由历史悠久的商业俱乐部承办（Commercial Club），它们也是在20世纪初资助了著名的丹尼尔·伯纳姆（Daniel Burnham）芝加哥规划的机构。区域规划的其中一个部分提出了新的道路设计系统，并称之为"城市格网"（Urban Network）。在这个系统中，三种新的道路类型取代了主干道路网：公交林荫道（Transit Boulevard）、主路（Avenue），以及对接路（Connector）。公交林荫道由三个部分组成，包括传统的主干道，步行友好的分流路以及公交专用道；主路则设置有多条车道，两侧设置有人行道；对接路则是密度较高的小尺度街道，通常呈方格网状平行设置，服务于社区内部。

三种新型道路具有与郊区主干道截然不同的空间质量和服务目的。街道上不再满是超速的汽车和降噪板，而是布局了服务于社区的各类业态以及富有人气的人行道。每一种道路都将步行、自行车、公交以及汽车这几种不同的模式整合到一个多功能的道路中。它们妥善地处理了非机动车交通的同时，还能更为有效的服务于汽车。因为交通流被疏散到了格网中的平行路径上，而不是被迫汇集至超负荷的主干道上。

公交林荫道是这一新路网的核心。它们是专为混合利用的城市环境而设计的多功能道路。其中间设置有公交专用道供快速公交系统、电车或者轻轨使用。如同传统巴黎的林荫道一样，中间是提供给过境交通以及公交的，两侧则平行设置了人本尺度的分流路来支持行人的活动。公交林荫道是咖啡馆、小商铺、公寓、公共交通、停车以及过境交通能够得到融合的空间，其效果在很多历史悠久的城市得到了时间的验证。

主路的尺度比公交林荫道要小，虽不设置公交专用道，但仍然能承载普通公交服务。主路的交叉口是本地的乡中心（Village Center）理想的选址场所。在不同的中心之间，主路起着联系作用，其两侧布局有大地块的单户独栋住宅或者公寓，正如美国很多的历史性社区一样。

新路网系统中还含有众多的对接路在社区中形成致密的格网为本地的乡中心或者镇中心提供直接的联系。这些对接路的密度要高于郊区的集散路，同时由于疏散了交通流，交通对于生活的负面影响很低。这一个道路类型的核心作用在于承担起本地短途出行的作用，从而缓解了公交林荫道以及主路的交通压力。

在这一步行友好的道路系统中，各类混合利用的中心能够找到合理的布局点。例如，镇中心可以在两条公交林荫道的交叉口布局，为其商业和零售提供充足的公共交通服务；而乡中心可以在两条主路的交叉口布局，为周边社区的居民提供直接的步行、公交、汽车或者自行车联系。

城市格网在澳大利亚的圣安德鲁斯得到了很好的应用。圣安德鲁斯（St. Andrews）位于西澳首府珀斯（Perth）北部，规划有两万英亩的城市扩展区，规划人口15万。圣安德鲁斯的规划中将社区、村庄和城镇几个不同的层级嵌入到了由公交林荫道、主路以及对接路组成的城市格网中。大量的开放空间将海岸以及水系保护了起来，其中设立了步径系统以联系社区。圣安德鲁斯的路网形态根据自然和地形因素以及现有建设情况而变化。一条规划的轻轨线将通过中央的公交林荫道联系两个镇中心和珀斯的市中心。主路系统则与公交林荫道相交，连接乡中心以及周边社区。

圣安德鲁斯规划中有一个重要的设计细节，就是主路与公交林荫道进入中心区时道路形式发生了改变。公交林荫道分隔成了两条平行的单向路，称之为"二分路"（couplet），两条单向路之间设置一个城市街区或者公园。这样，中心区就不会被多车道的街道所分割开来，所有中心区的道路都不会超过两个车道。具有戏剧效果的是，车流在这样的路网上更顺畅了，因为不用专门设置左转的信号灯相位。而对比起来，主干道上典型的拥堵很多都是由于交叉路口左转相位的延滞造成的。这貌似是一个工程细节，但却是紧凑而适宜步行的城区的关键要素。事实上，许许多多的城市中心区都是通过单向路的设置来保持人本尺度的同时疏散交通流的。这是街道如何及时应变以适应周边环境的有力例证。

圣地亚哥以北40英里的圣艾利和地区（San Elijo）为我们提供了乡中心围绕二

分路布置的案例。这个场地原来的设计是围绕两条主干道的十字路口来布置中心，随后方案变成了两对二分路相交，中间设置公共绿地的形式。商店、住房以及市政公建纷纷落户，包括零售商店、学校等，围绕着公共绿地布局。二分路两侧布满了各类混合利用的建筑。和澳大利亚的珀斯一样，中心区没有任何一条道路的宽度超过两条车道，同时仍然有效的运送着与两条主干道等量的交通流。

将主干道拆分成两条单向二分路使得城市格网能够有效地组织场地并提供人行尺度的环境。标准的主干道设置中，十字路口人行横道的长度是166英尺，而二分路中是24英尺。而交通工程师自己也研究发现，车辆在中心区单向二分路上的行驶时间少于主干道的时间——而同时人行交通也得到了巩固。

在加州的默塞德（Merced），交通工程师在一个12平方英里的新区内对城市格网加紧凑型混合利用的模式与标准蔓延式主干道模式进行了对比。交通分析显示，在总体密度以及土地利用不变的情况下，城市格网的主要道路上的交通量是主干道模式中的一半，而同时，在城市格网密集的对接路上，出行的次数也相对郊区的集散路减少了。城市格网中减少了总的车道数，从而降低了道路基础设施成本和交通延迟，还增强了步行交通。这样，更少的车道和道路总长度反而为汽车与行人营造了更好的交通系统。

总之，城市格网在设计中将行人和公共交通放在了首位，同时减少了汽车的堵塞。倘若城市格网能够与混合利用开发模式相结合，那么我们就拥有了迈向"绿色城市"未来的空间增长模式。

公共交通的未来

自从美国在20世纪40年代和50年代陆续拆除电车开始，公共交通在美国，特别是郊区，就成了一种安全措施而不是小汽车的替代方案。美国人决定一起围绕着汽车来塑造我们的文化和社区，这已不是什么秘密了。这也就造成了如今我们大部分地区的城市形态和开发密度无法支撑公共交通。公交被认为过于昂贵，并且无法适应我们现有以汽车为中心的城市。我们的郊区过于分散，而行驶在拥堵的主干道上的公交车又过慢，因而无法取代小汽车。这已经演变成了一个自我强化的循环：我们越是围绕小汽车来建造社区，我们越需要小汽车。而我们越需要小汽车，其他替代方案就越是无法替代。这也就不奇怪，如今的公交使用率已经远远不如20世纪60年代的水平[3]。

然而，那些将土地利用政策与公共交通相结合了的城市，例如波特兰、圣地亚哥、芝加哥、三藩市、纽约、华盛顿等，公共交通的使用率实际上增加了[4]。在这些城市，公共交通被认为是区域健康成长与旧城复兴的必要因素。新的轻轨线路不仅仅为上班族提供了更多的公交服务，同时还提升了轨道站点周边物业的价值。美国诸多的高效市中心都是依靠公共交通的——没有这些20世纪逐渐完善的公共交通网络它们将无法运作。在三藩市，49%的上班族使用公共交通；在芝加哥，这一比例是61%，在纽约是75%。即使在尺度稍小的波特兰或是西雅图，紧凑的市中心配合公交联系也让公交出行占到了25%[5]。

很多交通工程师都承认，我们没有办法通过继续建设高速公路来解决拥堵问题。很多地方缺乏财政能力或是空间来增建高速公路。即使我们能够设法建设更多的高速公路，其随即引起的土地开发模式将迅速刺激更多交通量的产生。如同马里兰州州长帕里斯·格莱登宁（Parris Glendening）所说："我们不能继续欺骗自己——继续欺骗公众——建设更多的高速无法解决高速的问题，这不是一个经济和环保的策略[6]。"

此外，很多地区都涌现出市民自发组织来反对高速公路扩建。直觉告诉他们，更大的交通容量只会滋生更多的交通和蔓延、破换空气质量和开放空间，并影响社区经济活力。由于不相信人们的出行模式会有根本的转变，很多市民组织不是去反对高速公路扩建，而是呼吁限制在自己社区内的开发。然而，限制开发只会把新的开发推向区域的腹地，形成高收入人群散落于郊区而低收入人群被困于市区的局面——造成更多的经济隔离、更多的拥堵以及更多的蔓延式开发。

仅仅改变土地利用模式并不能解决这一问题。缺乏了区域公共交通服务的步行友好社区，虽然较以汽车为中心的郊区住宅区已经有了很大的改善，但仍不完备。现在世界上很多地方正在形成的多中心区域结构搭配便捷的郊区铁路模式是空间增长和重新开发的合理策略。然而我们的现代公共交通系统存在着一些问题：新的轻轨对于某些社区来说造价过高，而市郊铁路的服务时间又有太多限制并且对于社区的影响很大，而公共汽车服务区的拓展所引起的运营费用也过于高昂。这一问题是下一代的开发所面临的难题：怎样以经济适用并且便捷的形式来共同推进社区与公共交通服务，怎样能使交通基础设施的投资更为有效，使其支持适宜步行的社区并为现有社区的经济复兴出力？

和道路系统不同，对于公共交通系统的思考必须是层级式的：从拥有适宜步行与自行车出行的街道来支持的本地公交支线或者电车线路，到拥有公交专用道的公交主线。这一层级结构对于公交系统的成功运营至关重要，缺失任何一个元素都会降低系统的效率和便捷程度，导致我们今天所面临的情况：公交系统需要过多的资金支持同时又无法吸引更多的乘客。层级中的每一个元素——适宜步行的地区、本地公交支线以及公交主线——都很重要。没有了适宜步行与自行车的目的地，乘客们在公交站变得束手无策。没有了本地公交支线，在距离主要车站步行可达范围以外的居民只能开车去公交站，或者干脆就直接开车去上班了。没有了公交主线，缺乏专用道和频繁的车次，那么公交服务就会过慢而丧失竞争力。

在郊区，适宜步行的社区具有可实施性并正在扩张。城区里的本地公交服务以及电车在适宜步行的环境支持下变得越来越高效，而接驳线路与区域性的公交主线连接后，效率也随之上升。尽管每个元素之间相互依存，但适宜步行的环境是整个系统的基础，而便捷的公交主线则是催化剂。保证公交系统中每一个元素的完整是很必要的，而如今的美国经常缺乏两个因素：轻轨以及适宜步行的社区。

为了解决公交设施投资与支持性的开发谁先谁后的问题，我们有必要做好连接土地利用与新增公交服务的廊道规划。土地开发与公交往往需要很长的时间来实施，从而使得长期的协调规划变得非常重要。一旦公交设施投资的承诺达成而且土地利用的政策得到了更新，那么这两者就会共同演进：新增的公交来支撑更高密度、高价值的开发，高密度的开发强化公交服务的使用率。一个良性循环就形成了。

许许多多的辩论和研究都将命题锁定在了这一整合的系统的效益上。而如今，不计其数的研究证明了土地利用与公共交通整合的系统确实能够增加公交的使用率，能够复兴衰败的社区，还能降低小汽车的依赖性和碳排放总量。简单来讲："研究结果显示，居住在公交站点周边的居民比区域其他地区居民使用公交的可能性大5~6倍。[7]"其他详细的研究则显示，紧凑、适宜步行、混合利用并且配合了公交服务的开发项目能够将车英里数（VMT）降低25%~40%[8]。土地利用与人们出行行为之间复杂的相互作用催生了很多新的工具来建模测算其结果，而这些结果往往都展示了两者之间的正面联系。

而对于公交系统的催化作用，结果需要取决于多个辅助性的元素，包括区划和公共投资等。如果这些元素协调一致了，结果相当显著。在波特兰，东、西线两条轻轨在各自站点周边步行可达范围内总共吸引了24亿美元的投资[9]；此外，波特兰在其著名的珍珠区（Pearl District）投资7300万美元修建了新的电车系统，这一投资引来了23亿美元的私人投资[10]。在弗吉尼亚的阿灵顿（Arlington, Virginia），整个郡投资了1000万美元来巩固其地铁Metrorail，一举吸引了88亿美元的私人投资[11]。重系美国（Reconnecting America）是一家专门从事公共交通系统研究的非营利性研究中心，他们总结道，一美元的公交投资可以吸引31美元的私人投资[12]。

一些较为先进的系统，例如单轨（monorail），常常被追捧为未来新一代的公共交通。但也许，未来只需要重塑我们的电车与轻轨，并将他们融入到现代的都市之中。城市一直都是围绕着交通系统的演进来不断塑造自身形态的：从步行到马车，再到铁路和汽车，城市的尺度随着交通科技的变化而延展。既然我们能够在历史悠久的城市中寻找到经历了时间考验的空间设计手法，并且将这些手法更新以适应现代的生活，那么也许公共交通也能够这样。因此，公共交通的下一次改革或许不是高科技，而可能是对旧式的铁路进行更新与改造，使其成为清洁而尺度合适的公交系统来服务于现代的都市。

公共交通绝非仅仅只是一种交通系统，其内部还含有深刻的土地利用逻辑。土地利用和公共交通的整合为新一代紧凑而适宜步行的开发模式提供了成功的基础——以公交为导向的开发（Transit-Oriented Development）。

以公交为导向的开发（TOD）

曾几何时，城市开发与公共交通是城市发展中携手共进的伙伴；城市中心加上用电车相连的郊区构成了美国独有的都市区形态。这一形态的关注点在于城市以及拥有充分公交服务的郊区，它为城市与郊区两者同时提供了最理想的形态。在二战之后，随着电车系统被取代和蔓延式发展以及高速公路的出现，这一平衡被打破了。如今，通过TOD作为催化剂，在城市与郊区之间一种新的平衡正在出现。

TOD是区域规划、城市复兴、郊区更新以及适宜步行社区多个规划的糅合。它是一种跨领域的开发模式，其功能不仅仅局限于为交通系统实现多样化，它同时还为居民、商业、城镇提供一系列新的开发类型。

TOD不可以单打独斗，它必须放到一个大的环境中考虑，至少是发展轴或者区域的尺度下。它提供的不仅仅只是交通模式的选择，更多的是一种生活方式的选择。我们面临着开放空间保护、空气污染、交通堵塞、经济适用房、经济适用的生活方式，以及持续增长的基础设施成本等区域性问题，而TOD及其复杂的公交网络将受到越来越多的重视，成为可持续的空间增长策略。尽管TOD运动如今还只是在发展的初期，但是有很多经验和教训值得我们学习。

TOD的初始方向比较狭窄——局限于轻轨而未能考虑其他的公交类型。如今，TOD已经慢慢成熟并将快速公交系统（BRT, Bus Rapid Transit）、多组内燃动力列车（Diesel Multiple Unit, DMU）、电车、市郊列车以及重轨系统等包含了进来。并不存在一个所谓最好的系统——这些系统，例如各自所产生的土地利用模式都是多样且相互依赖的。这些系统相互重叠所能引发的开发类型丰富了正在兴起的城市主义。并且随着公交系统的延伸，TOD的区位与类型也在不断多样化。

区域内，TOD的主要区位有三种：城市中心、近郊区以及区域边缘的新开发区。在这些区位中蕴含着一系列的开发机会。公交以及TOD的投资带来了旧城复兴的机遇，这一现象已经越来越明显但仍然可以不断的强化。在美国西部的很多城市，公交的发展将诸多区域性的零售业重新带回到了内城。圣地亚哥的霍顿广场（Horton Plaza）、波特兰的先锋阵地（Pioneer Place），以及萨克拉门托的广场（The Plaza）都是20世纪70年代~80年代的早期实例，它们向人们展示了轻轨与区域性零售业回归内城之间的联系。与此同时，很多居住区复兴项目，甚至在衰败的城区，也展示了人们沿着公交廊道回归城市生活的现象。达拉斯的上城区（Uptown District）、波特兰的珍珠区（Pearl District）以及圣地亚哥的油灯区（Gaslamp District）都是很好的例证。

TOD在近郊区的复兴作用开始有了展现，但是潜力还未能完全发掘。近郊区那些空置的工业区以及奄奄一息的零售业轴线或许是投资公交收获最大的区域。这些地区土地已经腾出来了，而市场需求又很明显，大量使用率低下的铁轨在工业改扩建地块中穿梭。公交与TOD开发机遇与这些区域条件完全契合。倘若区域性的公交投资能够针对性的投放，同时对试点项目融资，那么近郊区就能得到顺利的重新开发。

最后，也许也是最具挑战性的就是在区域边界的新开发区。这些偏远地区缺乏城市中心以及近郊的区位优势。因为地价低廉以及缺乏近期公共交通服务，其进行高密度以及混合开发的难度很大，所以开发商在这些地区倾向于进行低密度的郊区式开发。然而，如果就此作罢继而在区域边界建设另外一环机动车为导向的蔓延式住宅区那就是非常短视的行为。在这类地方，时序性的土地利用与公交的开发策略是关键。时序性的规划应该首先为公共交通预留用地，到了后期社区慢慢成熟能够支持公共交通时，这些预留用地就能派上用场。规划应该存在灵活性，允许关键地区在未来增加密度和功能。那些围绕规划公交站点先期开发的单一用途商业中心，则应该为填充改造做好准备，从而使得远期能够成为TOD。在区域边界上，时序性规划与土地预留是关键。

若没有远见和实施的决心，上述所有这些机遇都会付诸东流。我们现在的一个问题是缺乏对于全局性策略的系统性掌控。单个的城市或者乡镇之间少有协调，更谈不上合作建设复杂的公交廊道和土地利用调整了。辖区之间仅有的联系，估计就是相互之间对于税基的争夺。

不幸的是，我们现有的区域性规划机构是和地方政府在政治上是挂钩的，他们很少倡议全局性的改革措施。所谓的区域规划更多的是区域内各个城镇规划的拼贴，而不是对于区域的整体构想。同时，对于混合利用项目的融资也是一个问题。银行的放贷结构就是围绕单一用途的开发设立的，这样的结构是基于过往的成功而非未来的需求。除此之外，很多地方上的规划、停车以及交通标准都不允许步行友好的设计。这样屈指一数，TOD的实施阻碍就能列一个单子出来。

尽管有这么的阻碍存在，区域性管理的势头却在不断发展。很多地区都开始意识到，自由放任地区政府发展是行不通的。各个地方区域性管理的初衷各不相同。在俄勒冈，是出于农业与林地的保护；在华盛顿，是较为宽泛的环境与栖息地问题；在犹他，则是财政与社区需求；而在最近的加州，则是为了减少碳排放。尽管出发点不同，这些地方最终形成的区域性规划却都集中在了公交投资与TOD上。这样，TOD所面临的阻碍也将会得到系统性的解除。区域性的规划机构正逐步走向自治、规划标准正在修改、TOD的放贷标准正在更新，而政府也开始发放债券为公共交通融资。

索诺玛—马林廊道研究

索诺玛和马林两个郡的土地利用和交通研究为我们提供了非常经典的TOD廊道规划案例。两个郡位于三藩市金门大桥的北侧，虽然性质上属于郊区，但是其整体区域保持着职住平衡（Job Housing Balance）。历史上，这个地区是沿着铁路线发展的，随后开始沿着高速公路发展。在金门大桥建成之前，廊道内的八个镇主要围绕着铁路和船运发展，每个镇的镇中心都设置有历史悠久的火车站。随后的时间里，这条长约45英里的廊道内新的开发都是蔓延式的发展，然而每个镇的中心仍然保持着传统而精致的城市主义。有意思的是，马林郡的历史性社区——例如非常适宜步行的米尔山谷（Mill Valley）和索萨利托（Sausalito）——拥有区域内最昂贵的地产。这些老的TOD在市场上非常受青睐。

由于历史原因，索诺玛—马林郡与典型的蔓延式开发围绕环路布局不同，其城市形态像一串珍珠项链。它唯一的一条高速公路堵塞情况非常严重，而且将会一直保持这种状况。这个区域的线状形态更适合于公共交通，而不是高速，因为所有的机动车都集中到南北方向上，而不是疏散到各个不同方向。更糟糕的是，区域内很少有与高速平行的道路来分散交通压力，这意味着本地的短途出行车流也必须涌入高速公路，与过境交通一起形成堵塞。

研究中总共分析了五种不同的替代策略。基本策略是对高速进行改进并提供少量的公交服务，对现有的低密度土地利用模式不做修改，并且不提供任何新的大型公共交通。第二个替代策略在高速上全线增加了一条拼车车道（High Occupancy Vehicle lane, HOV），并增加了公交车服务。这个策略的成本是所有策略中最高的，达8亿3400万美元（1995年美元）。其他三个替代策略将轨道服务与公交车、拼车车道以及不同的土地利用（包括TOD）整合在了一起。

第一个整合性的策略包括最为基本的铁路服务，为上班族在早晚两个高峰期运营，同时还增加了拼车车道，土地利用不做改变。这一措施的成本最低，2亿7600万美元，但是每天只能吸引5800人次使用铁路。如果将TOD加入这个策略，那铁路乘客将增加一倍到11250人次，而成本只会增加三亿美元。引起铁路乘客成倍增长的土地利用变动其实是非常少的，只涉及马林郡5%的住房以及索诺玛郡6%的住房。这一策略显示，通过开发模式的转变来支持公共交通并不需要非常大的改变土地利用政策却可以对公交系统效率起到显著的提升作用。最后一个整合性策略分析了提升铁路服务频率的可能性。它将火车的发车次数改为高峰期15分钟一趟而其他时段以及周末则改为30分钟一趟。这样得出的运送人次增加到了24250，而成本为4亿3000万美元，仍然只是最贵策略的一半左右的价格。

最后一个整合性策略中假设的公交运送量其实和一些新的轻轨系统的实际运送量相当，例如波特兰、盐湖城和萨克拉门托等城市的轻轨。而令人惊讶的不同之处在于，索诺玛—马林廊道内的铁轨系统是郊区连郊区的模式，它并不存在一个市中心来锚定这一系统。传统的观点认为公交系统必须要有一个城市中心作为核心，且公交廊道内必须是连续的高密度开发。索诺玛—马林的研究就撼动了这一观点。它证明了如果能采纳TOD，并且实施经济适用的公交系统，那么郊区环境也是能够支撑公交系统的。

无论选择哪一个策略，廊道中的高速公路都是拥堵的——即使是为高速全线增加车道的策略。五个策略中没有一个可以为高速疏通堵塞，因为它对于短途以及长途过境车流的吸引作用。而更宽的高速只会增大这种吸引作用。

这是一个非常关键的教训：公交并不能解决高速公路的拥堵。但也没有其他任何方式可以解决，道理很简单，只要高速公路空着，人们就会开上去。即使是在很多超预算进行大规模道路建设的地区，拥堵也只是暂时的缓解。新的以汽车为导向的开发项目以及被压制了的地区内部车流马上会将其塞满。公共交通的作用是为人们提供替代高速公路的选择，而不是去解决拥堵。因此我们的交通政策的基本出发点一定要从快速运送车流转移到可达性和移动性上来。

索诺玛—马林郡的系统和最近匹兹堡提议的系统相似，其运营的成本非常经济，特别是对比起公交快线来（express bus）。研究显示，公交快线的运营以及维护成本为每一次出行6.8美元，而铁路仅为2.9美元。这一差别主要原因是铁路具有更高的司机-乘客比例（Driver-Passenger Ratio），往往公交车的运营成本中70%来自于司机。此外，铁路的能耗以及维护费用也低于公交车。同时，为了能够使公交提速成为合理的小汽车替代方案而修建的拼车车道（HOV lane）也花费了额外的7亿美元。

步行、自行车、公交以及铁路作为一个整合的系统，是索诺玛—马林体系的关键组成部分。然而很多时候，这一整合系统中的各个元素是由不同的机构负责运营，机构之间往往不但缺乏协调还经常争夺资源。这一破碎的体系是区域缺乏合作导致低效的又一例证。和土地利用一样，公共交通必须作为一个整合的系统在区域的层面来设计，不应存在任何人为的划分。

多个策略的对比结果最终汇集成了索诺玛—马林规划方案的最终成果，里面包含了对交通系统中各个元素的投资：新的自行车道、拓展的接驳车服务、新的铁路系统，以及在关键地区增建拼车车道，这些投资将通过征收新的营业税来征集。同时还包括了对开放空间的征地计划以及区划的修改。然而，加州政府通过了一项保守的法案，要求所有的新税种必须得到超过三分之二以上选民支持才能实施。这使得索诺玛—马林郡规划遇到了相当大的阻挠。最后，在2008年的11月，经济衰退之中，三分之二的选民终于投赞成票通过这一称之为"精明列车"（Smart Train）的提案。

类似于索诺玛—马林郡一样的土地利用与交通整合规划的例子在美国还非常少，它需要有支持意愿的州以及区域的政治框架才能实现。索诺玛—马林规划提供给人们的经验非常清晰：土地利用政策能够显著的影响公交使用率以及公交投资的有效性。大多数的高速公路堵塞不能通过拓宽或者增加公交来解决。最终，只有适宜步行的社区才能永远的解决交通堵塞的困境。我们的目标是提供更为便捷、省时、健康和节能的出行模式，以及更丰富的出行选择——而不是更多的沥青路。

在加州，乃至全美国，降低碳排放最为关键的机遇在于交通——而交通需要依靠社区设计。

第七章　加州经验

加州首府萨克拉门托（Sacramento）在很多方面都可以算作是典型的美国小城市。主城区人口40万，辖区内人口130万。在19世纪中的淘金热时期，它作为一个沿河的贸易城市而发展起来，随后成为了整个中央谷地（Central Valley）的经济核心城市。美式的小街区方格网沿着河畔向内陆展开，并融入到城市周边的典型社区之中。到了20世纪50年代，普遍的城市问题来袭，而郊区化以及城市更新运动带来的催化性建设活动使得萨克拉门托雪上加霜。五六十年代的开发活动将中心区的就业、人口和商业活力抽干了。和同时期很多美国城市一样，居民纷纷离开，商店停业，学校难以为继，内城区陷入衰败。

　　不幸的是，当局人提供的解决途径比问题本身更糟糕。新的高速公路将郊区和市区相连，把城市内的社区打散并切断了城市与河流的关系。内城的商业为了与郊区的商业竞争，开始仿效郊区模式，为了方便汽车而关闭了商业老街，这样使得整个内城交通更为不便、城市活力衰减、治安下降。后来，里根（Ronald Reagan）上台就任加州州长，提出了野心勃勃的城市更新计划。这是美国第一个首府地区规划（Capital Area Plan），它提议将萨克拉门托内城中心40个街区全部拆除，把曾经富有生机的混合利用社区以及传统建筑和小路网替换成为大型商业办公楼和超大街区。幸运的是，这一规划未能全部实施，但许许多多的街区都被夷平，成为空地或者停车场。

　　到了20世纪70年代，在州长杰瑞布朗（Jerry Brown）的带领下，萨克拉门托展开了一场变革；它成为了美国绿色城市主义的第一块试验田。连接郊区与市中心的轻轨开始建设，填充性住房项目（infill housing）、历史保护，以及混合利用开发项目重新上马。所有的新建建筑都有绿色标准并要求融入低能耗太阳能设计。循环使用系统、生物能发电、被动式太阳能建筑以及历史建筑保护等成为了城市建设的常规。此外，加州政府建设了最为前沿的节能办公建筑，通过法案资助不同收入阶层混合的住房项目，并提出了著名的24号法令（Title 24）为州内所有新建建筑提出新的标准。单单就24号法令所设立的标准，就可以让加州的人均碳排放量降低到全美平均水平的一半。

　　将所有这些项目整合于一身的是于1976年修订过后的首府地区规划。上一版里根规划的超大街区被称之为"城市村庄"（Urban Village）的规划所取代，由SOM公司的约翰·克利肯（John Kricken）和州政府建筑师辛·凡德朗（Sim Van Der Ryn）主持。新版规划着重强调城市保护、土地利用多样性，以及以公交和步行为基础的交通系统。规划中，"保护"不仅仅只是保存几栋有价值的历史建筑或是节约能源，它意味着保护所有城市品质的精髓：住房的混合、本地小商铺和作坊、历史性的全天候社区（twenty-four-hour community），以及原先萨克拉门托方格网道路的尺度与多样性。

为了能够重塑社区的同时满足州政府对更多写字楼空间的需求，规划提议建设低层高密的住宅，启用历史性建筑，并新建节能写字楼。为各个收入阶层的市民提供新的房源，同时规划好本地的饭馆和商铺，为工人提供临近工作岗位择居的机会。规划着重强调了步行的设施、日照间距以及新的轻轨系统。街道设计不再只考虑小汽车，而建筑在尊重环境的同时还必须尊重其所在的城市周边氛围。添加了节能和环保要求的新建筑标准与混合利用社区的城市设计标准在规划中得到了结合。最后，规划要求新的建筑在尺度和个性上要与地区的历史性建筑协调一致。

城市太阳能住房

在首府地区规划中，有一个名为萨摩西特公园（Sommerset Parkside）的住房项目。场地为一个街区，其建筑融入了被动式太阳能设计，并将商业功能和不同价位的住房混合搭配在一起，包括经济适用房和市价的住房。传统萨克拉门托城市中常见的单栋独户住宅、街区中间可穿越的小道以及街角商铺等都在项目中得到了体现。项目混合了一栋三层的公寓、一排联排屋以及一排单栋独户住宅。这一系列不同的住房类型为居民提供了社区的个性，同时又提供了非常自然的社会分隔。例如，一室一厅和两室一厅的住房临街设置，而大的户型则可以享受联排屋私密的私人花园。场地内有丰富的景观，并载满了梨树作为营造休闲、私密空间以及调节微气候之用。整个项目的建设密度达到了每英亩55个住房单元，密度是典型郊区的十倍有余。

项目在设计上尝试着强化行人的活动和个性。房屋的出入口、窗户、街角商铺、饭馆以及临街座椅的设置都为街道增添了生活气息和安全性。正是这些细节上的巩固将我们的社区，乃至城市紧紧地联系了起来。

萨克拉门托的轻轨线在萨摩西特项目的街对面有一个站点。作为响应，项目布局了零售商铺和一个街边的咖啡馆正朝着站点方向。咖啡馆上面是带阳台的住房，一家银行在街角的铺位营业。项目的城市设计紧密的围绕着轻轨站点展开，为乘客们提供了见面的地方和活动，同时也为整个社区提供了雅各布斯所说的

"街道眼"（eyes on the street）增加了安全性。另一方面，轻轨为项目中的零售商铺带来了客源，为阳台上的住户以及楼下咖啡馆的客人们提供了风景以及便利的交通工具。公共与私人项目的相互积极作用把这个原先只是办公楼停车场的地块转变成了一个活跃的社区——从某种意义上来说，这是美国战后的第一个TOD项目。

绅士化（gentrification）是内城复兴项目中一直存在的问题。虽然非有意而为之，但随着中产阶级重新发掘了内城的活力以及区位优势并陆续回迁，以往贫困的居民就受到排挤。而萨摩西特项目就向人们展示了不同经济背景的居民不但可以在一个社区融合，还可以在一个街区里融洽相处。萨摩西特项目中有三分之一的住房是受政府资助提供给低收入家庭的，还有三分之一是提供给首次购房家庭，而剩下的三分之一才是按照市价收费的。

萨摩西特项目不单单只是为不同收入背景家庭提供住房，其设计本身就是针对不同生活方式的人群。户型涵盖从三居室的联排屋到两居室的公寓还有为老人家和单身家庭的一居室——人口结构中的不同人群都能对号入座。这一年龄层次、收入以及家庭类型的混合与我们现有的隔离的住房结构恰恰相反——低收入家庭住政府公共住房；中产阶级住郊区住宅区；富人住高尔夫社区；老人家住退休人员中心，而单身的则住公寓。萨摩西特项目中的住房结构混合模式在我们的城市中曾经是非常普遍的，而且为城市肌理的健康与公平作出了重要贡献。

这个项目同时也是太阳能设计与高密度开发相结合的很好案例。在萨克拉门托，与被动式太阳能设计相关的元素包括：遮阳、朝向、植被、自然通风以及窗体与热质量（thermal mass）的平衡。而在萨摩西特项目中，所有的户型都朝南布局，并留足了日照间距以保证冬季日照。其被动太阳能设计则成为了建筑装饰的一部分：帆布遮阳罩、出挑的阳台、夜间保温幕布、内墙的石膏涂层。像石膏涂层这样的传统施工方法成为了非常经济有效的保温设施——既能保存阳光的热量或者夜风的清凉同时又能提供更好的防火与隔音功能。

我们没有理由不将这些简单的被动式太阳能设计融入到美国的每一个住宅单元中。足够的日照、良好的通风、适宜的植被、遮阳以及隔音隔热设施等等设计能够带来的不仅仅只是节能，它们还能增进我们生活的品质和健康。不同的气候区自然会对被动式太阳能设计提出相应不同的要求，但是这些设计能够巩固一个地区独特品质以及人们和自然之间的关系，值得在设计中重视。

总的来说，萨摩西特是城市主义与绿色开发结合的早期案例。它的使用功能和居民多样，其人本尺度与场地所处的历史社区相容，同时它通过公共交通系统、舒适的步行环境以及被动式太阳能设计来达到节能的目的。在1978年，这样的项目可谓是标新立异。

节能写字楼

萨摩西特社区旁边有一个小公园，隔着公园望过去人们可以发现两种截然不同的写字楼设计风格。其中一个街区内矗立着加州政府8号和9号办公楼，建筑与街道之间用一个下沉广场隔开。两座建筑的巨大体量在冬天向北将阴影笼罩了三个街区，使得区内的住宅很不舒适，其设计的单调也体现了典型的单一功能土地利用模式。尽管设置了外部的遮阳板，但其有色玻璃也使建筑失去了自然采光的机会而需要依赖于人工照明。建筑四个立面完全一致，光线、视线以及各个相邻街道的特质都通通未作考虑。设计上对于场地、阳光以及气候的漠视使得写字楼每年的能耗远远高于全国平均水平。写字楼的大厅气势宏大，却并非能够吸引人们驻足、会友或者社交的地方。由于建筑的阴影，写字楼北面的广场整个冬季都很阴冷，而没有行道树的夏天也是炎热难当。从远处看，在城市中层层绿树的衬托下，它们如同宏伟的纪念碑；但从街道上经过时，却难以寻觅到丝毫的生气。如同许许多多的现代主义建筑一样，它们漠视气候、社区以及使用者对于品质的需求，而是片面的追求统一感。

对比起来，这两栋建筑对面的另一栋加州政府办公楼，贝特森大厦（Bateson Building，为纪念著名的人类学家格里格雷·贝特森 Gregory Bateson 而命名），其设计考虑的范畴就扩大了很多。贝特森大厦是布朗州长节能政策的试点项目，其设计与加州政府8号和9号办公楼完全相反——紧贴街道布局，四层楼高，中间设置有一个大型阳光庭院。庭院冬日有阳光照射而增温，夏季有遮阴以及夜间通风而降温，它成为工作人员以及市民会面、午餐、参加演讲集会以及社交的场所。同时，庭院也是整栋建筑的热量缓冲装置，通过墙体减少了热交换，并为内部提供自然采光。

贝特森大厦有诸多亲近行人的设计，在建筑的两个角安排了两个带顶的小广场，行道树得到了悉心保留并且在人行道内侧安排了一条窄的绿带。建筑的阳台为街道增添了遮阴和趣味，同时也让每一层的员工都能轻松的享受到室外的环境。在入口大堂的上面设置了一个大型宴会阳台，其上可以俯瞰整个庭院。建筑每一个立面都根据其朝向而做了调整：南面设置了露台和棚架，东西面设置了色彩缤纷的可伸缩帆布帘，而北面则是简单的通透玻璃以增加自然采光。这些立面上的变化，加上露台、木质外墙以及植被一起使得整栋建筑与周边混合利用的居民区融为一体。

很多环保的设计为员工营造了多样而舒适的工作环境。比如说裸露的混凝土结构吸收了萨克拉门托夏夜清凉的风，使得室温宜人并且取消了办公建筑中无处不在的低悬吊顶。建筑里通透的玻璃和自然光线使得室内光影变化更为丰富，比单调统一的人工照明更为人性化。可调节的窗户提供了自然通风以及能够感受城市夏夜凉风的愉悦。

遮阴、自然采光、可调节的开窗以及通过墙体吸收夏夜凉爽空气的策略使得贝特森大厦的能耗降到了政府8号和9号大楼的六分之一，同时还营造了更为人性化的办公环境。施工费用不但没有增加，而且整个建筑使用周期内在能源以及碳排放方面的节省也是显著的。这是绿色的城市未来如何能够解决气候变化的同时节省资金、营造人性化环境并提升城市活力的实例——也是"12%方案"所需要的双赢策略。

而贝特森大厦最为惊人的"绿色"策略却是鲜为人知的：整栋建筑没有配备停车场。一般而言，像贝特森大厦这样建筑面积达到25000平方米的办公楼，需要配置1000个停车位，停车场面积将超过8英亩。而贝特森大厦的占地面积只有两英亩，设计师并没有在周边划出四个地块环绕着作为停车场，而是依靠公共交通、步行，以及拼车来解决停车需求。这一设计策略的转变在能耗、温室气体排放以及社会层面的意义是非常深远的。

贝特森大厦所采纳的庭院建筑是非常传统的城市建筑类型，是尊重街道以及自然采光的理念引导下自然会出现的设计产物。当能源变得廉价，人们便不再通过窗户来采光或者通风时，庭院建筑这类能够增强社会联系的建筑也就慢慢消失了。缺失了公共街道-半私密庭院-私密房间这样的层次，我们的城市将会失去个性，地区与地区之间的差异将会抹去，个人与社区也黯然失色。从很多方面来看，环保的设计能够促使建筑肩负起传承本地特色的使命并增强建筑师的社会责任感。

商业建筑中的自然采光也能够重塑其社会以及城市个性。通过自然采光的建筑进深较小，层高更高，中间的分格更少，意味着公司员工可以分为更小的团队在更宽敞、视野更好的空间中工作，而建筑立面也因遮阴设施而更为丰富。基本上所有的案例中，对于环境的考虑都会增强公共空间的塑造——创造出那些被"建筑即为机械"（building as machine）理念指引下被抛弃却又重要的空间。

道理很明显，那些我们每天都要花上至少八个小时的建筑应该能够更好地与社区融合、更为节能、并能在考虑私人空间的同时营造一种团队的氛围。工业时代的观点认为建筑就是要为了高效生产而设计，土地开发就如同工厂标准化制造一样，不管其功能是居住、工作、休闲还是购物。如今我们发现，维系这种片面思维的资源需求是巨大的——即使能够维系，太多对于生命的关怀也丧失了。

第一代新城市主义

虽然萨克拉门托的这些工作完成于20世纪70年代，但其首府地区规划、轻轨、环保办公楼，以及居民经济背景多样的住房项目仍是今天我们需要用于应对气候变化的城市主义的完美例证。许许多多的努力都经历了时间的考验：萨克拉门托的轻轨系统一直在扩展，并且是新版区域规划中的核心元素；其保护相关的标准在整个加州得到了积极的效仿；其城市主义在首府地区规划管理处（Capital Area Plan Authority）的运营下正逐步落实。如今，萨克拉门托是一个混合多样并欣欣向荣的中心城社区。

十年后，我参与了西拉古娜项目（Laguna West）的规划，它位于萨克拉门托南侧的郊区麋鹿林（Elk Grove）。场地原有一份已经获得审批的典型郊区式规划：大的单一土地利用分区、统一的大地块、大马路加断头路、没有行道树，并只配备很少的公建。重新设计后，西拉古娜成为了美国西部最早一批"新城"社区中的一员。项目中设计了配备公园的镇中心、社区中心、老年人和多户家庭住房，并在场地中央安排了一个就业区和零售商业区。放射状的林荫大道将各个小的社区和学校连接起来。规划中还设计了轻轨的延伸线作为镇中心的核心，然而却一直未能实施，苹果电脑在此处设置了一个主要的装配集散中心。

设计调整后的社区比周围的其他地区更为紧凑、多样而且适宜步行。西拉古娜在1990年左右落成，其后的很多郊区改造方案都是从这一社区的设计中沿袭过来的。虽然社区内的建筑仍是工厂标准化生产的，但是尽可能地在尺寸、价位以及类型上为居民提供更多选择。房屋的车库不再直接临街设置。以往只能见到单栋独户大住宅的郊区里引入了多户家庭公寓、联排屋以及经济适用的小地块住宅等住房类型。行道树已经逐渐葱郁，为行人以及鸟类提供了自然的荫庇。小孩子们可以步行上学、去公园嬉戏，或者步行到社区中心参加活动，而大人们则可以散步去本地的商店购买日常用品。然而，没有轻轨连接，设计中最为强调的居民出行行为的改变一直未能如愿。

西拉古娜社区的规划完成后不久，萨克拉门托郡就根据以公交为导向的开发（TOD, Transit-Oriented Development），这一受到西拉古娜设计的启发而形成的新颖理念，更新了郡的总体规划。规划师确立了一套新的设计导则，将郊区开发中住宅区和购物中心与主干道和高速公路配套的结构进行了彻底的改变，成为不同层级的混合利用地区与公共交通配套的模式。在当时，政治力量强大的建筑行业委员会（Building Industry Association）认为这样的转变将破坏市场需求而提出了反对意见，尽管总体规划取得了一些改变，但是建筑行业委员会仍然保留了相当大的现状不变。

而20年后，萨克拉门托地区政府委员会（Sacramento Area Council of Governments）却展开了加州最为激进的以TOD为核心的区域规划。事实上，其区域规划中的空间增长策略还巩固了后来的"伟景加州"（Vision California）项目。规划设定了不同的模拟未来，并对比了按照现有蔓延趋势发展的未来和以TOD及城市填充项目为主的紧凑型未来。在城市填充的假设情景中，接近40%的住房和就业岗位临近公交站点布局，单栋独户住宅从2005年的66%逐步下降到2035年的53%，从而增加了建设密度。这一假设情景的结果显示出明显的变化。首先，土地消耗量下降了一半，保护了超过300平方英里的开放空间和耕地。小汽车的依赖程度下降了四分之一，仅从交通部门来看，碳排放就削减了14%。

或许最为显著的变化来自于政治上的改变。如今，建筑行业协会对于TOD持支持态度，因为他们意识到住房市场的需求已经发生了根本性的转变。萨克拉门托如今正大步向前，率领着整个加州往环保的土地利用模式迈进。

加州气候变化倡议

国际社会以及美国自身在减少温室气体排放上一直摇摆不定，这一事实使得地方和州政府层面的努力变得尤为重要。仅凭市场的力量就可以在环保科技的应用上取得不错的成效——然而，城市主义所需要的土地利用支持则必须获得州政府以及区域的合作。落基山研究所（Rocky Mountain Institute）拥有环保以及新科技方面丰富的案例以及经济分析，特别是针对能源价格上涨的情况下的经济研究。他们认为即使在没有严格的要求下，节能建筑也会普及，因为投资回本的周期越来越短，并且LEED认证系统（Leadership in Energy and Environmental Design）也越来越受到市场的青睐。此外，节能汽车的市场份额也日益增加。但是系统的改变我们的土地利用模式和能源基础设施则是工作中缺失的一个环节。政治上对于改革的动力来自于州政府和区域层面，而非国家层面。

加州正在摸索一套方法在全局角度降低碳排放，包括土地利用政策方面。2006年，加州政府通过了第三十二号议会法案（Assembly Bill 32）——加州解决全球变暖法案（California Global Warming Solution Act）。它设定目标将加州的碳排放到2020年下降到1990年的水平，到2050年下降到1990年80%的水平。为了达到这一激进的目标，加州在几个方面着手开展工作，包括伟景加州项目中涉及的建筑、交通、电力，以及城市主义四个方面，和工业以及农业两个方面（见第八章）。本文写作之时，加州政府正在起草相关的政策和规范，并构思种类繁多的科技、投资以及规范各应占的比例。而伟景加州项目被用于模拟和量化不同的情景以协助相关的政策制定工作。接下来的篇幅会回顾加州温室气体减排法律的实施过程来指出这个过程中需要解决的一些核心问题，便于其他州学习。

加州的方法是各类繁多的选择拼凑在一起的产物。在加州，户均碳排放量比全国其他地方的平均水平低33%[1]。这一部分原因要归功于20世纪70年代加州激进的建筑节能标准，一部分要归功于加州温和的气候。这意味着加州民居与商业建筑能耗的显著下降——加州的建筑人均碳排放量要比全国水平少一半[2]。此外，加州重工业比例较小，因此这一部门的碳排放也少很多。最后，加州的能源很大程度上是可再生能源——现在大部分是水力发电，太阳能与风能正在逐步增加。然而不幸的是，加州平均每户家庭的能源消耗和汽车里程只比全国其他地区少六分之一[3]。尽管加州在建筑和工业方面的节能减排取得了很好的成果，但是最大的问题和挑战在于交通。

加州空气资源委员会（California Air Resources Board）负责为达到三十二号议会法案的目标制定相关标准和政策。他们采纳了很多本书中提到的策略，包括：工业和电力部门的上限-贸易标准（Cap and Trade）、建筑节能标准、新的汽车能耗标准，以及减少汽车使用的土地利用政策。而他们现在着手解决的问题是所有这些策略该如何整合并分期实施，这是一个相当复杂且需要政治技巧的问题。2008年，委员会拟定了范围规划草案（Scoping Plan），里面第一次将2020年前的减排任务分配到了各个经济部门，同时列举了相应的实施措施和政策[4]。

由于目标期较短，这份草案主要关注于节能保育以及技术上的修订。法律要求的1亿7400万吨减排总量中，有27%是通过小汽车节能标准来实现的，这一节能标准是由加州议员弗兰·佩夫里（Fran Pavley）授权立法通过的，这一标准在加州实行八年后成为了全国标准。到2020年，佩夫里授权的法案将要求所有的新车达到每加仑36英里的油耗标准，这将使得所有汽车的油耗水平达到22英里每加仑。在全国层面设立非常激进的机动车油耗标准是备受争议的话题。然而很多人明白，美国的汽车制造业如果不在节能上领军，那么它将失去全球市场份额，同时也失去了协助净化美国空气质量、降低进口原油依赖以及节能减排的机会。2005年，加州政府向美国环保局申请在全加州实施这一标准的权力[5]。在布什政府期间，这一申请被否决了，但最终在2009年奥巴马执政期获得了批准。它要求在2012年所有新车减排22%，到2020年减排33%。

范围规划（Scoping Plan）同时设立了上限-贸易项目作为其主要策略，这将肩负总减排目标的20%。这一项目将对工业和电力部门很多单个策略起到统筹的作用。加州正和另外六个西部地区的州以及四个加拿大省份通过西部气候倡议（Western Climate Initiative）来合作设计一个区域性的上限-贸易项目，这一区域项目的成本将会低于加州单独运作的成本。根据加州法律，加州空气资源委员会必须在2011年之前采纳上限-贸易规范，并在2012年开始运作。很多人将加州视为全国应对气候变化工作上的榜样。

总减排目标的另外15%则由一系列针对建筑、家用电器以及发电站的节能标准来承担。绿色建筑项目（Green Building）是其核心，包含诸多实施策略。零耗能项目（Zero Net Energy program）旨在通过在新建筑中降低能源需求、智能被动式太阳能设计、太阳能供电系统，以及由绿色原料发电的社区尺度热电联产系统来使新建筑做到能源自给自足。这些新的技术，结合不断改进的建筑施工规范、照明节能技术以及家电节能标准不仅能够达到法定减排目标，还能够减少建设额外的发电站的需要。

虽然对于新建筑节能有了清晰的思路，解决现有建筑仍是一个大的难题。范围规划中坦言："事实上，提高加州现有建筑的能耗效率是电力与天然气部门节能减排的重中之重[6]。"对现有建筑进行翻新、修复以及添加防寒保暖设备是应对这一挑战的核心，然而在融资与调控上的障碍仍然未能界定清楚。

第三十二号议会法案的实施措施中的另一重要内容是减少发电过程中碳燃料的使用。为了强化这一举措，前任州长阿诺德·施瓦辛格（Arnold Schwarzenegger）设立目标要在2020年前使加州的电力供应中33%来自于可再生能源。现在这一比例是14%，要提升太阳能、地热、风能以及小型水利发电来达到这一目标需要在科技、融资以及调控上进行大规模的改革[7]。同时也要建立一个新的电力输送网络来将西部气候倡议（Western Climate Initiative）所涉及的11个州和省散布的可再生能源输送到有需求的城区。

不幸的是，太阳能以及风能发电站选址在环境审批上遇到重重阻力。举例来说，加州政府刚刚通过了法律禁止在莫哈维沙漠（Mohave Desert）建立太阳能发电站。出于可能引发地震的顾虑，地热发电站的许可申请也被一再拖延，而新的水利发电站则因为会影响濒危物种栖息地而困难重重。除此之外，如今的技术水平只能提供间歇性的可再生能源，无法保证稳定的基本负载能力。因此，可再生能源的储存是必须攻克的技术难关。

上述所有的这些困难最终都必须去克服，而所有这些问题都是和能源需求相关的，因此通过节能的建筑以及土地利用模式来从根本上降低需求仍然是可再生能源技术可实施性的核心。此外，城市设计也是解决交通领域这一加州温室气体排放量最大、增长最快部门的关键。绿色城市主义所面临的困难是错综复杂的，然而，如果能够合理的协调政治意志、政府部门的注意力、投资以及相关专业的关系，这些问题都能够得到解决。

可持续社区倡议

在加州，乃至全美国，降低碳排放最关键的机遇在于交通领域——这还是需要依赖于土地利用。分析研究指出，仅凭提高汽车能耗效率标准不能够解决交通领域的碳排放问题。假设加州按照现有的开发模式发展下去，到了2030年，小汽车的使用会增加70%，即使要求所有的新车油耗效率提升30%并将汽油中的含碳量降低

10%，加州的整体减排目标仍然不能完成。事实上，交通方面的碳排放仍会比2005年的水平高出10%。交通领域背后以小汽车为导向的土地利用必须改变。

出于这一思考，加州于2008年签署通过了第三百七十五号参议院法案（Senate Bill 375）作为第三十二号议会法案的补充。它要求加州所有区域规划机构制定可持续社区策略（Sustainable Communities Strategy）用于降低小汽车的使用并树立更为整合的区域空间增长模式。这一里程碑式的法案是全美国第一个将交通与土地利用以及全球变暖问题相结合的立法。它使得区域规划机构有权制定策略降低温室气体排放的同时，提供更为健康和有效的空间增长模式："通过第三百七十五号参议院法案，区域能够整合土地开发模式和交通系统，从而在达到减排目标的同时满足住房等其他区域规划目标[8]。"此外，区域规划机构还必须提供替代方案供大众对比和选择。联邦在交通和城市发展方面的拨款也和区域规划绑定，从而使得可持续社区策略拥有了基础设施建设资金这一鼓励性措施。

法案将区域规划从被动反应转向了主动引导的角色。以往加州的区域规划大多数是各个地区总体规划的拼贴，这就导致了蔓延式开发的滋生，因为每个社区都极大的抵制住宅开发而争相抢夺税收很高的商业开发。三百七十五号参议院法案则授权区域规划机构通过整合土地利用与交通、制定职住平衡来扭转这一趋势。此外，区域规划机构要制订方案来具体实施职住平衡并且保护自然资源和耕地。加州将在法案的推动下走向绿色城市未来，而这是新科技以及碳排放征税等策略所无法做到的。

作为主要的鼓励性措施，加州可持续社区与气候保护条例（Sustainable Communities and Climate Protection Act）允许所有遵照可持续社区策略（Sustainable Communities Strategy）的地区赦免联邦关于温室气体排放的有关规定。联邦政府的环保局将温室气体列入了有害气体的范畴，因而必须在所有的环评报告中立项考虑。然而对于温室气体来说，在区域尺度可以有效地测评并且制定措施缓解，但是很难在小尺度开展类似的工作。任何一个开发项目，如果单独的测算，即使能够在区域尺度减少整体的排放，仍然会增加地方上的碳排放。比如说，相对于远郊的住宅项目，在公交服务以及就业岗位都很多的地区建设住宅能够在整体上减少小汽车的使用从而减少排放。但是地方上的环评报告并不会将这一贡献计入在内。这样，反而阻碍了那些市场急需的开发项目的运作。而第三百七十五号参议院法案就为这一困局提供了出路：只要是遵从可持续社区策略的项目就可以赦免掉环保局的规定，而不遵从的项目就需要增加开发成本投入到缓解措施上。

这些工作的关键在于加州空气资源委员会为每个都市规划机构所分配的减排目标。如果目标太低，那么地方上就不会发挥出城市主义的真正潜力；如果设得过高，实施起来难度也就大，而且政治上的反对团体有可能会借机反扑而使得所有的努力付诸东流。加州正在这一问题上摸索，产生了很多前沿的思想、开创性的分析以及新的模型工具。加州空气资源委员会正在积极寻求各方专家以及各个都市规划机构的想法。这一努力将会重新定义土地利用的潜力并有可能为能源以及开发确定新的方向。

伟景加州

伟景加州（Vision California 第一章有介绍）就是在这一摸索过程中产生的项目。它是由战略发展委员会（Strategic Growth Council）和加州高速铁路局（California High Speed Rail Authority）共同资助的，旨在全面的构建加州未来可能的发展途径并分别进行测算。项目将会开发新的分析工具用于模拟不同的未来发展模式与对应的环保与可持续能源政策标准。

新的模型工具和现有的交通分析工具存在着很大的不同，具有更好的易操作性并且能够正确测算复杂、混合利用且依赖于公交系统的开发项目中的交通情况。而现有的所谓"引力模型"（gravity models）是在小汽车出行占主导地位的年代开发的工具，缺乏对于可替代出行模式以及复杂的土地利用情况的考虑。它们能够有效地用于高速公路和主干道的设计，却不可以用来测算城市主义多元的作用效果。

伟景加州项目所开发出的这一新模型称为城市足迹（Urban Footprint），它的开发是基于第五章中所介绍的设计原理，其土地利用结构由一系列的混合利用的场地类型（place types）组成，而不是单一的土地利用分区。伟景加州项目利用这一模型来构建全加州范围的未来空间增长情景，产出了一套新的统一的规划语言，协调州政府拨款，评估正在筹划之中的高速铁路，并为第三十二号议会法案的实施提供协助。这一史无前例的项目将会是全美国首个为优化效率和投资而建立土地利用规划模型的规划项目。

最终，政策和经济因素将会决定最后的政策，而这些政策将引导加州从现有的3600万人口增长到2050年的6000万预测人口[9]。加州到底能够在通往"12%方案"的路上走多远，无疑会为全美以及全球各发达地区树立一个标杆。而伟景加州所提供的分析将是所有意欲奔赴这一征途的地区所需要的。

下一章节将利用简化版的城市足迹模型来列举土地利用、科技、交通方面的可能选择及各种选择在全国将产生的结果。它展示了主要的趋势、重要的影响因子以及塑造一个可持续的未来所需要的政策。改变居民生活方式、环保以及新能源等策略的协调与平衡只会发生在整体系统设计（whole system design）中，而整体系统设计又必须建立在能够客观准确的反映复杂系统的数据分析之上。

如同一只猫追着自己尾巴跑，在寻求可替换能源的同时允许能源需求呈指数增长是荒谬之举。

第八章　四种美国的未来

很多的团队都在绿色科技的假设基础上建立了低碳的情景进行模拟研究。有些团队则尝试着去推测大气层中二氧化碳的临界值并且提出修建大型"地质工程"来保护地球。所有的策略都有相同的目标，就是本世纪的温度最大不能提高两摄氏度——而如本书之前章节阐述的，这一目标将要求每一个美国人在2050年将他们的碳排放量降低到现有水平的12%。

为了能够达到这一远大的目标，我们需要将精明的土地利用政策与各种尖端科技、智能定价体系、公共投资以及激进的建筑节能标准相结合。明晰如何利用这些策略，同时清楚怎样合理搭配这些策略是至关重要的。很多前景光明的科技都非常的独立，他们能够在任何土地利用模式下运用。例如，太阳能板可以在任何屋顶上安装，而太阳能热力发电场可以在任何有阳光的开放空间布置。风能、地热以及生物能等清洁能源发电厂也无需依赖城市形态。节能建筑也在某种程度上是独立的。节能汽车可以开到任何地方，电力车也如此。

那我们何不将问题交给智能新科技呢？事实上，所有的这些应对气候变化的策略的功能就仅限于此——它们构成了一个绿色科技的列表供人们选择。但这并不会引导我们走向最具成本效益和社会效益以及环境效益的出路。倘若我们能够先通过城市主义降低人们的出行需求以及建筑的能耗需求，然后再应用绿色科技，那我们就可以减少绿色科技的使用——从而减少成本以及环境影响。如同一只猫追着自己尾巴跑，在寻求可替换能源的同时允许能源需求呈指数增长是荒谬之举。

绝大多数的绿色科技有两个主要的功效：降低碳排放以及降低对进口原油的依赖。如之前篇幅所列举的，城市主义还有诸多额外的效益：更低的基础设施成本，更少的开发用地，更多的经济适用房，更少的出行时间（意味着更多的陪伴家人与朋友），更低的暖气费和水费，更少的汽车开支和停车场以及更为健康的生活方式——这一列表很长。虽然我们关注的是碳排放和能源，但诸如此类的额外效益对于我们设立的不同假设情景的可行性、吸引性、经济以及政治等方面都起着非常关键的作用。

换句话说，如果不能合理搭配不同的策略那么12%方案也无法达成。为了能够更加清晰的了解这样的合理搭配是怎样的，我们运用了简化版的城市足迹模型（Urban Footprint model，在第五章中有介绍）来为美国建立了不同情景，这些情景分别搭配了不同程度的城市主义，新能源以及环保措施。我们建立情景的目的不是为了精确的描绘未来，而是将未来分成不同类型并找寻不同类型的分界点，以及一些关键的选择及其影响。最终的目的是要研究不同的未来所带来的结果，并据此制定前瞻性的规划。在建立模拟情景时，现有趋势、新兴的推动力、新科技以及长远目标都会得到混合。在本文的案例中，我们假定了一系列不同的城市未来，这些城市未来是基于不同"场地类型"（place types），开发模式或与一系列的绿色科技和环保政策而产生的。

既然科技手段与土地利用变化需要得到结合，那么怎样的结合最符合逻辑，哪些地方领域可以结合，影响碳排放的主要驱动力是什么？为了研究这些问题，我们建模设立了四个情景，四个情景分别是两种不同土地利用方案和两种政策组合搭配而成。建模设立不同情景的方法可以多种多样，但这里得出的四种情景已经能够很好地对问题进行界定和分类，而且四种情景都有可实施性并且相互之间差异明显。两种土地利用方案是通过按照不同比例来搭配三种场地类型构建的，这三种场地类型是：以汽车为导向的开发，紧凑型发展以及城市填充（urban infill）。而两种政策组合是由影响建筑、小汽车和电力供应的政策、新能源以及环保措施构成的。两种土地利用方案以及两种政策组合相互搭配，就形成了我们研究的四种情景。

两种政策组合中包含了针对小汽车能耗效率、建筑环保以及不同能源混合比例的新标准。其三个主要的驱动力：

1. 小汽车节能科技——根据每加仑英里数（Miles Per Gallon）以及燃油中碳含量测算

2. 建筑节能效率——根据建筑类型、建筑能耗标准、机械系统以及所处的气候区测算

3. 能源组合——根据用于发电的能量来源比例（传统的、可再生的以及核能）以及各个系统的效率

这两种政策组合分别称为"现有趋势"（Trend）和"进取型"（Agressive），其定义与标准与城市形态无关。现有趋势指的是简单延续以往的政策和科技，它假设汽车的节能标准和低碳燃料的标准都只进行很小的提高，而建筑环保设计方面的进步也不大，各类用于发电的能源混合比例保持不变。"现有趋势"假设的是联邦和州政府不推行激进政策的情况。

"进取型"政策组合则借鉴了加州政府在落实第三十二号议会法案时提出的各类标准。每一个标准都会附带诸多的科技用于标准的实施。例如，小汽车节能标准可以通过混合动力汽车、电力汽车、生物柴油乃至氢气驱动汽车来实现。同样，可以通过诸如太阳能、风能、地热、潮汐能以及生物质等不同的可再生能源的混合来确保我们的电力供应是绿色的。在这些政策中，我们要关注的不是要精确的界定各

种科技的比例，而是目标的可行性，关注我们设定的目标是不是可以通过公共政策、私人投资、科技创新以及新的开发标准的共同作用来达成。

表8.1列举了两种政策组合的具体假设。

表8.1　政策组合

	"现有趋势" Trend	"进取型" Aggressive
小汽车每加仑英里数MPG	2050年达到25MPG	2050年达到55MPG
小汽车低碳燃油	2050年达到8%	2050年达到30%
新建建筑节能效率	2020年增进10%	2020年增进到70%
现有建筑改造率	每年0.1%	每年1%
电力	2030年可再生能源比例达到10%	2030年可再生能源比例达到70%

两种土地利用方案

在开始对比四种不同情景之前，请容我用一些篇幅来介绍两种不同的土地利用方案所代表的社区类型："标准开发"（Standard Development）和"精明增长"（Smart Growth）。每一种土地利用方案都包括现有建筑以及大量的新开发——在全国现有1.17亿住户的基础上到2050年新增5100万住户，还包括在现有74亿平方米商业建筑的基础上再新增十亿。根据假设的情景不同，现有建筑将会得到不同程度的改造或者重新开发。

每个土地利用方案中的新建部分会根据三种不同的场地类型来建造：城市填充、紧凑型发展和以小汽车为导向的郊区。每一种场地类型都有各自的住房类型混合比例、密度，以及设计。没有一个假设情景是基于单个的场地类型来构建的，因此三个场地类型的混合决定了不同的土地利用方案。表8.2描述了各个场地类型的特征。

表8.2　场地类型描述

	以小汽车为导向 Auto Oriented	紧凑型发展 Compact Growth	城市填充 Urban Infill
单栋独户	82%	45%	10%
联排屋	10%	30%	35%
多户公寓	8%	25%	55%
交通	小汽车为导向	适宜步行、本地公交	适宜步行、区域公交
混合利用	单一土地利用分区	混合利用、本地公建	混合利用、区域性公建
密度	低	中	高

最有效的了解这三个场地类型的方法是通过实例。丹佛市（Denver）的斯泰普尔顿（Stapleton）机场改造就是紧凑型发展的一个很好的案例。其住宅密度是同地区典型郊区楼盘的3~4倍。尽管项目中占绝大多数的是单栋独户住宅，但改造中加入了大量不同的住房类型，包括配备底层商铺的公寓、联排屋以及簇团式发展的平房，这样保证了项目的开发密度。而较高的密度并未影响市场，斯泰普尔顿的房价一直高于周边地区的郊区住宅，而且在2008年的楼市崩盘中，它的住宅比其他地区同类型的住宅都保值。部分的原因在于人们喜欢项目的尺度、多样性以及适宜步行性；还有部分原因在于，不同住房的混合反映了人们生活方式以及住房需求的根本转变。

作为紧凑型开发的一个模型，斯泰普尔顿展现了前文所述的所有城市主义的设计原则。它的居民和功能多样；丰富的住房类型与商店、就业中心、公园、学校以及公共服务设施相搭配。它适宜步行而且拥有人本尺度；街道的设计既服务于步行和自行车，同时也服务于小汽车，地区配备有公共交通服务，建筑紧凑的围合着公共空间。它在不同层面开展了保护工作；包括重建之前被机场破坏的溪流以及栖息地，引进前沿的建筑节能标准，提供节水与中水循环系统，以及营造以本地抗旱植物为主的景观环境。最后，它十分契合区域的远期发展策略：在配备公交服务的社区安排新的开发活动，使其能够与都市中心区建立公交联系。斯泰普尔顿是20世纪90年代初期以来数以百计建成的新城市主义社区中的一个。很多地产开发界的人士认为，这类紧凑型统一规划的社区会在接下来的几十年里主导住房市场。

城市填充类的项目形式多样，而且与项目所在环境息息相关。在大多数情况下，城市填充类项目密度较紧凑型发展项目密度要更高，并更靠近都市区的中心。在某些区划调整的情况下，城市填充项目也会在单独的地块上进行。例如加州伯克利市为其门户轴线学院大道（University Avenue）进行了区划调整后，掀起了一系列的重新开发项目，将原先单层条状的商业建筑重新开发成了多层的混合利用型住宅。在调整规划后的14年里，建设了数以百计的住宅单元，以往稳居全市第一的犯罪率也下降了一半。

加州奥克兰（Oakland）的上城项目（Uptown project），展示了另一种更大尺度的城市填充项目。奥克兰市推行了积极的旧城复兴政策，而上城项目就是政策扶持的众多项目之一，它新建了近1万个住宅单元，其中有4500个是经济适用房。其目的在于使奥克兰市中心的人群多样化，改变市中心仅作为白天就业区的局面，注入住宅、地区性商铺、餐馆以及娱乐等功能，使其成为了一个全天候活跃的社区。上城项目紧邻两个BART（Bay Area Rapid Transit）轻轨站点，逐步承担起区域性服务功能。

以汽车为导向的场地类型在美国比比皆是，形式和特点各异。有些高端社区在

土地利用方案

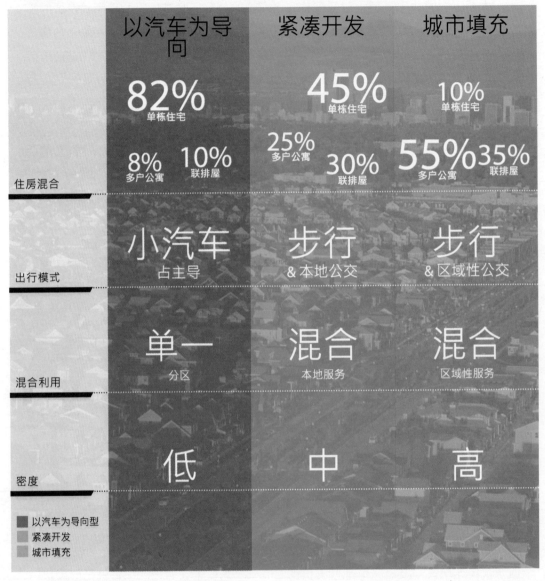

	以汽车为导向	紧凑开发	城市填充
住房混合	**82%** 单栋住宅 **8%** 多户公寓　**10%** 联排屋	**45%** 单栋住宅 **25%** 多户公寓　**30%** 联排屋	**10%** 单栋住宅 **55%** 多户公寓　**35%** 联排屋
出行模式	小汽车 占主导	步行 & 本地公交	步行 & 区域性公交
混合利用	单一 分区	混合 本地服务	混合 区域性服务
密度	低	中	高

■ 以汽车为导向型
■ 紧凑开发
■ 城市填充

标准开发

5
25
70

精明增长

10
35
55

"标准开发"与"精明增长"两种土地利用方案是通过组合三种"场地类型"或典型开发模式而构成的——汽车为导向型、紧凑开发以及城市填充——每一种土地利用方案都含有不同混合程度的住房、混合利用以及公共交通服务,从而就产生了对于不同生活类型以及收入的人群的包容程度。

图 18

政策组合

	现有趋势	进取型
车辆每加仑英里数 (MPG)	**25** MPG	**55** MPG
低碳燃油比例	**8%**	**30%**
新建建筑节能指标	**10%** 改善	**70%** 改善
现有建筑改造比例	**0.1%** 每年	**1.0%** 每年
电力	**10%** 可再生	**70%** 可再生

上述这些建筑、汽车以及电力方面的变化主要是由政策驱动的。"现有趋势"政策组合假设的是未来不设立新的节能法规。而"进取型"政策组合则反映了州和联邦政府关于新建筑与汽车节能标准以及"上限与交易"体系的提议。所有这些政策可以在不改变土地利用的情形下实施。

现有政策   进取型政策

图 19

密度和式样上尝试着走田园路线，而有些服务于收入偏低人群的社区则通常是围绕着购物中心或者办公园区建设大片的郊区住宅。所有以汽车为导向的开发项目都是密度较低，居民出行以小汽车为主，偶尔有个别被边缘化的公交服务，土地利用分散而单一。

三种场地类型根据不同比例混合就形成了"标准开发"与"精明增长"两种土地利用方案。很显然，它们只是许许多多不同组合可能性中的两个。每一个区域都可以根据自身需要按照不同的比例混合更多不同的场地类型来搭建模拟情景。然而，在这里我们做的是一个敏感测度的研究，目的是对不同的可能性进行大致的分类和对比。我们假设在精明增长的土地利用方案里新开发量的35%是城市填充项目，55%是紧凑型开发，而10%是以汽车为导向的开发。标准开发的土地利用方案中，我们假设新开发量的70%是以汽车为导向的开发，25%是紧凑型开发，而仅有5%是城市填充项目。

方案的不同结果中最为重要的一个是整体住房结构的变化。对于那些坚信单栋独户的住宅仍将主导住房市场的人来说，精明增长方案过于激进。然而，变化其实并没有想象中那么大。尽管就新开发量的类型分配来看是有很大的不同，可是把现有住房存量考虑进来以后，其整体的住房结构是非常合适的，它能够适应美国日益变化的人口和经济结构。在接下来40年的新开发中，多户公寓的比例会稍微增加，而单栋独户住宅将从现在的62%下降到33%。这一变化是通过引入大量联排屋实现的。将新建住宅与现有存量一起考虑的话，单栋独户住宅仍然占据了55%。多户公寓仍保持现有的30%不变，而联排屋增长到14%——这一结构终将更好地服务于美国越来越节俭和老龄化的人口结构。

除了住房类型与开发密度上的差异以外，"精明增长"与"标准开发"还存在着其他的不同。标准开发模式保持了现有的区划和交通投资模式不变，而精明增长则转向了鼓励步行的混合利用模式，并且随之调整了交通投资——更少的道路，更多的轨道。

美国的四个未来情景

将两个政策组合与两个土地利用方案相搭配就形成了四种未来情景。"现有趋势"的政策组合搭配"标准开发"就构成了一切照旧的未来情景，在这样的情景里，土地利用继续现有的低密度蔓延模式，对绿色科技缺乏政策支持，建筑与汽车节能标准基本不变。我们称之为"现有趋势蔓延"（Trend Sprawl）。

将"进取型"政策组合与"标准开发"搭配，听起来有点奇怪，但得到的却是一个非常重要的未来情景。在此，我们采纳了一系列政策来支持绿色科技，并且

模拟情景
2050的四种未来

现有趋势蔓延
这一未来和过去没有区别，一样的生活方式，一样的住房一样的汽车工艺

标准开发　　现有趋势政策

简单城市主义
人口结构以及经济的变化使我们有了更为城市化的生活方式，建筑更为紧凑，汽车使用率下降，但技术仍以碳为基础

精明增长　　现有趋势政策

绿色蔓延
我们仍然建造低密度、以汽车为导向的社区，但是使用更好的技术手段：节能汽车、被动式太阳能设计以及可更新能源。

标准开发　　进取型政策

绿色城市主义
在这个未来情境中，清洁能源，节能汽车，节能建筑技术以及绿色电力设施与城市化生活融为一体

精明增长　　进取型政策

每一个模拟情景都是将一种土地利用方案与一种政策组合搭配起来构成的，政策组合里面包含了机动车、建筑以及电力效能以及能源等方面的政策。土地利用方案则根据城市主义的程度不同而混合了一系列开发类型。建立四个模拟情景的目的在于通过不同的测度指标来衡量各种变量的影响，从碳排放和能源到土地消耗以及住房成本。这些都不是对未来的预测，而是用于对不同的问题进行限定并展示不同的可能性。

图 17

对建筑和汽车节能提出了很高标准，但同时保持土地利用模式和生活方式不变。这一情景其实反映了当今一些人的思路，他们希望在不明显改变生活方式的前提下应对气候变化——为老的生活方式提供新的能源。我们称其为"绿色蔓延"（Green Sprawl）。

"现有趋势"政策组合与"精明增长"相搭配则形成了"简单城市主义"（Simply Urbanism）的未来情景，它为我们提供了一个测度来衡量土地利用改革自身会产生的效果。最后，"进取型"政策组合搭配"精明增长"就形成了最为有益的未来情景，它涉及绿色科技、节能标准以及生活方式上最大的政策干预，被称之为"绿色城市主义"。我们对四种未来情景的表现进行了多个层面的测度，在接下来的篇幅里将简要的描述各个情景及其结果。

现有趋势蔓延

这一情景里，现有的土地利用以及能源政策保持不变，仿佛能源储备会一直扩张来满足我们的需求，而未来某种高科技会横空出世来解决气候问题。我们延续着现有的生活方式，享受着私人花园和尽头路（cul-de-sac）带来的私密空间，但同时也继续忍受着每天开车所耗费的时间。我们继续开车去大型购物城里购物，在办公园区上班。城市的人口和就业岗位持续下降。住房结构如同过去的40年一样，以低密度的单栋独户住宅开发为主。到了2050年，67%的住房是单栋独户，10%是联排屋，而多户公寓占23%。这一结构致使我们的建成区面积增加35000平方英里——相当于整个缅因州的面积。

这样的建成区面积将产生很多直接和间接的影响。都市中心区周边的开放空间和农田侵蚀速度将增加——很多地区的城区面积会翻倍。而增加的建成区意味着基础设施、道路、水力管网、市政服务以及区域供水和排污系统的扩张，这些成本初步测算将使每一个新建住宅单元增加47000美元的成本。此外，类似于消防、治安，以及学校等服务也必然随着蔓延而增加。

此外，低密度的开发也使得家庭的水电费上涨。因为单栋独户住宅往往都很大，供热制冷效率很低。单栋独户家庭平均每年需要105000加仑自来水以及1.6亿英热单位的能量。由于这一情景中，单栋独户家庭的比例很高，从而使得平均每户每一年的水电费从现有的2300美元上涨到4700美元。

而最大的间接影响在于小汽车的使用。全美每年将驾驶4.7万亿英里（比现在的水平高出2万亿），消耗超过1880亿加仑汽油，而大部分的汽油依赖进口。如果按照2050年8美元一加仑计算，这样每个家庭每年将花费9000美元购买汽油，另外12500美元用于车辆持有、维护和保险。如果把每年的水电费以及车辆相关的费用加起来，一个家庭每年的平均支出是26000美元，足够送一个小孩子去念大学。

最后，这一情景将产生49亿吨的温室气体，比1990年的水平增加55%——而要减少气候变化影响，则需要比1990年水平降低80%。建筑和交通行业对于这一碳排放的贡献各占一半。在这样的情景里，我们将需要充足的石油来源、富有的中产阶级，并且期盼解决气候变化的解药奇迹般的出现。

绿色蔓延 Green Sprawl

这一情景，反映了我们对于气候变化的默认解决方式：新科技将在不改变生活方式以及城市形态的情况下拯救我们。我们将会保持小汽车的使用量，不过汽车将会更加节能；我们将继续居住在郊区的大房子里，不过房屋配备有先进的保温隔热和太阳能收集装置；我们将继续耗电，不过电力将来自于可再生能源。而且，所有这些新科技将会产生一个基于清洁能源的新型经济。这些技术上的改变将会带来诸多正面结果，虽然很必要，但是却不足以达成12%方案的目标。

详细点说，这一未来情景涉及很多政策，在这些政策引导下将产生更为节能的绿色建筑、汽车以及电力。建筑在保证同等舒适度的情况下比现状节能70%，车辆平均能耗达到每加仑55英里，此外，有三分之一的车辆将是用电或者生物能驱动，而50%的发电量将来自于无碳能源。这些都是非常必要也是可实现的举措。事实上，最为强大的经济同时也是最为低碳的经济，道理很简单，在2050年，石油储备已经过了峰值，其逐步上升的价格将使得高能耗的经济承受巨大的成本压力。

然而这一未来情景有三个问题。首先，它未能达到12%方案设立的目标。虽然它将温室气体排放下降到了150亿吨一年，但是这仍然三倍于我们所设立的目标值。也许更尖端的科技可以填补这一差距，但第二个问题又来了：绿色科技的碳足迹过大。即使有了节能汽车，预测的总驾驶里程数仍然比现在高出2万亿英里，我们要为生产这部分可再生能源提供大量场地。而生物能对食物以及水系统的影响，我们已经有目共睹。如果通过绿色电力系统来满足这部分汽车出行的需求，那么我们将要腾出140万英亩的土地用于建设太阳能发电厂，或者900万英亩用于建设风力发电场。也许可以通过核能来解决，但是核能自身也存在着核废料处理的问题。因为节省一度电总是比生产一度电便宜，因此减少人们驾驶里程来降低能源消耗总是符合逻辑的，特别是这样还有健康等方面的额外效益。

除了建造可再生能源所需要的场地以外，道路与停车场的土地需求也是巨大的。由于这一未来情景中，人们每年驾驶里程数增长了一倍，因而我们需要在都市区中腾出大片土地用于建设高速公路。这和美国上世纪五六十年代的高速公路情况不一样，如今我们需要拆除城区并且侵占农田和未开发用地。这一成本和环境代价是惊人的。仅到新的高速公路建设这一项就超过4.5万亿美元，这在2050年平摊到每个家庭上是27500美元[1]。

第三个问题是，由于在这一情景中不改变土地利用模式，那么我们将要开发超过35000平方英里的新区，包括郊区住宅、大型购物中心和办公园区。这一额外的土地消耗将侵占农田和栖息地，并且造价高昂。额外的基础设施费用至少是2.8万亿美元，平均每户47000美元。如果要把市政服务等计算进去，成本会更高。或许到了2050年，美国人能够支付起这笔成本，但问题是，他们愿意为此买单吗？这充满了无限制的蔓延开发、交通堵塞以及社会隔离的绿色未来里，人们的生活会是怎样的呢？

简单城市主义（Simple Urbanism）

在这一情景里，土地利用模式的转变使得未来的城市属性更浓，但我们的科技、住宅、汽车以及能源都保持不变。这种情景的可能性不大，但是却清晰的向我们展示了城市主义自身可以带来的效果。大多数的新购房者将居住在像斯泰普尔顿（Stapleton）一样紧凑的社区里。他们能够走路到商店解决日常所需，他们的小孩子可以安全的骑单车去学校或者朋友家里。人们更多的会使用公交通勤。城市则在繁荣的就业中心、新的公交系统以及城市填充项目中恢复活力。在接下来的四十年里，35%的新住宅是城市填充项目，有55%是类似于斯泰普尔顿一样紧凑的形态，只有10%是典型的蔓延式开发。这样产生的住房结构是惊人的，当新建住宅与现有存量一起考虑时，超过半数的住宅仍是单栋独户，而多户公寓仍然保持现有的比例。

这一情景使得全国新增建成区面积减少到了9300平方英里，仅为"现有趋势蔓延"情景中的三分之一。这一紧凑的布局消除了原"现有趋势蔓延"中的土地利用负面效应；占地面积减少了意味着更多的农田得到保护，基础设施需求减少了，用水量也降低了。基础设施成本从"现有趋势蔓延"情景中的均摊每户47000美元降到了23000美元，而年用水量下降至87000加仑。

而最大的差异在于对小汽车的依赖。在这一未来情景中，人们每年总里程数只有2.7万亿英里，消耗燃油1080亿加仑。虽然这还达不到我们的目标，但已经是一个很好的开端，同时也是一个必要的步骤——汽车里程数下降了43%。它降低了家庭水电开支以及汽车开支，从"现有趋势蔓延"的26000美元削减了9000美元到17000美元。在没有环保标准以及任何新能源的情况下，每年温室气体排放接近36亿吨，降低了27%——尽管未能达到目标但却沿着正确的方向发展。大多数的削减来自于交通，温室气体问题依然严重，因为建筑节能标准未能提升，所以尽管紧凑的城市形态使交通能耗有了大幅度下降，建筑节能只提高了12%。

绿色城市主义

那绿色城市主义的未来情景如果实现的话，会为美国带来什么呢？首先，和简单城市主义的情景一样，新建成区面积会大大缩减——从而保留更多的农田、栖息地以及开发空间。到了2050年，美国将新增人口1.4亿，如果按照现有开发密度的话，新增的5500万套住房以及配套的商业设施将消耗35000平方英里的土地。而绿色城市主义的情景只需要9000平方英里，节约下来的土地面积比整个马里兰州还大。并且这一情景中的未来住房结构并未发生很大的改变：单栋独户住宅从当下62%下降到了2050年的56%；多户公寓保持30%不变。而土地面积发生显著变化的原因是联排屋、小地块单栋住宅以及紧凑的商业开发。

建成区面积的减少还有诸多额外效益。基础设施（排水管网、电网、道路等）的数量、初始投资以及运营费用是与建成区面积成正比的。通过建造紧凑社区而缩减建成区面积意味着道路和管网建设量的减少，意味着地表径流污染以及土壤污染的减少，意味着妨碍含水层补给的不透水表面的减少，同时还意味着分摊到城市居民头上的建设与维护费用的减少。紧凑的社区里，基础设施费用的节约，加之家庭水电费以及交通支出的削减，为经济适用房建设提供了条件。按照斯泰普尔顿类似的密度开发，保守估计将在全国节约1.3万亿美元的基础设施投入——平摊到每个新建住宅单元是24000美元。将运营以及维护的费用计算进去，这一节约的成效会更显著。

紧凑而节能的建筑能够为全国削减超过430万兆千瓦时的电力需求。而生产一兆千瓦时所涉及的火力发电站建设费用是22万美元，风力发电站是45万美元[2]。因此，绿色城市主义的情景下，这一项的资本节约就会达到2450亿美元（全火力发电）或者5100亿美元（全风力发电）。此外，紧凑住宅可节约家庭水电开支。平均每户每年将花费1800美元的暖气空调费用以及200美元的水费，这相对"现有趋势"情景节约了2800美元。

不难想象，在未来绿色城市之中，小汽车的使用率会大大下降。人们能够使用公交系统轻松便捷的去上班，能够步行或者骑车去到本地的商铺、学校、公园或者朋友的家里。即使需要驾驶，目的地也会很近。在2050年，绿色城市主义的情景中，平均每户每年总里程数只有16000英里，而在"现有趋势"中达到了28000英里。尽管这一变化很大，但并非不切实际，因为对于现在很多紧凑型社区中的家庭来说，这已是现实。

倘若下一轮的发展能够更为贴近城市并提供适宜步行的环境和公交联系，那么美国每年的车英里数（Vehicle Miles Traveled）将下降超过2万亿英里。这对于空气质量、进口原油的依赖、碳排放以及家庭交通开支方面都将带来显著的效益。

到了2050年，我们每年将节约1390亿加仑汽油，减排18.5亿吨二氧化碳，并在如果按照2050年每加仑汽油8美元计算的话，汽油上节省超过10000亿美元——平均每户6800美元。如果一个家庭再考虑减少一辆车，并且把暖气空调的开支节约也计算进去，那么这一户家庭每年的节约将在15000美元左右。如果按照5%的贷款利率计算，这个家庭可以贷款购买一套价值超过22.5万美元的住房或者将这笔贷款用于子女教育。

汽车使用率的下降还有一个非常重要的意义，在于交通事故、空气质量以及肥胖病症相关的医疗费用上。交通事故的数量与驾驶里程数是直接相关的，因此，在绿色城市主义的情景中，由于里程数相对于"现有趋势蔓延"少了一半，那么交通事故也相应减少了一半。到了2050年，这一差异将挽救超过50万人的生命，避免3000万起交通伤害[3]，同时节约2.5万亿交通损失[4]。空气质量对于健康的影响主要是来自于移动排放源（小汽车和卡车）以及固定单点排放源（工厂和发电站）。而驾驶里程数减半所带来的总体空气质量提升以及相关医疗成本的节约将超过1万亿美元[5]。最后，肥胖病往往是缺乏锻炼造成的，而绿色城市主义的情景将提供适宜步行以及自行车出行的环境来解决这一问题。每天在车里待上一个小时，肥胖病的发病几率就提高6%，而每步行半英里则可以降低5%[6]。如今肥胖相关的医疗成本已经占据了美国总医疗支出的9%以上，那么降低5%的肥胖病发病几率则意味着到2050年超过3000亿美金的成本节约[7]。

这些成本的节约并非遥不可及，事实上，只要从大地块的远郊住宅里搬出来，在适宜步行的社区里找一个节能的联排屋住下，然后卖掉一辆汽车，成本就节约下来了。然而困难在于，去哪找这样的社区和住房。这一困难也是未来美国社区开发将面临的挑战。

对于营造可持续的未来，上述措施是整体策略的一部分。12%方案所设定的温室气体减排目标的一半可以通过城市主义以及环保来达到，而且其成本是负的。而另外一半则需要从工业节能、可再生能源、新的农业技术、碳捕获（carbon capture）以及碳封存（carbon sequestration）等方面努力。这些方面的政治与经济阻碍要大于城市主义和环保措施。麦肯锡的研究报告"降低美国温室气体排放：降低多少？成本多少？（Reducing U.S. Greenhouse Gas Emissions: How Much at What Cost?）"指出，现有的洁净能源科技（工业部门的除外）每一吨减排成本在10美元到50美元左右。站在更广的角度来看，报告指出每一吨减排量的成本对于可再生能源是10美元，革新的农业技术是20美元，碳捕获和保存（carbon capture and storage）是30美元，而其他的创新技术是50美元左右。这四个大的类别可以减排52亿吨温室气体，也就是达成12%方案所需要的另一半。麦肯锡估测，这些策略加上城市主义以及环保措施的总成本大约是国民生产总值（GNP）的1%——相当于一份非常低廉的保险费。

　　总之，好的消息在于这样一个绿色可持续的未来是可能的，同时也是我们能够负担得起的。城市主义的效益远远不止碳排放上，还在于成本的节约以及诸多额外效益。而新兴的绿色科技则可以创造更多就业岗位、更多新兴产业，并使美国在未来能源产业中引领全球。无论从哪个层面来看，这些策略都是很好的选择。

四种模拟情景的
影响

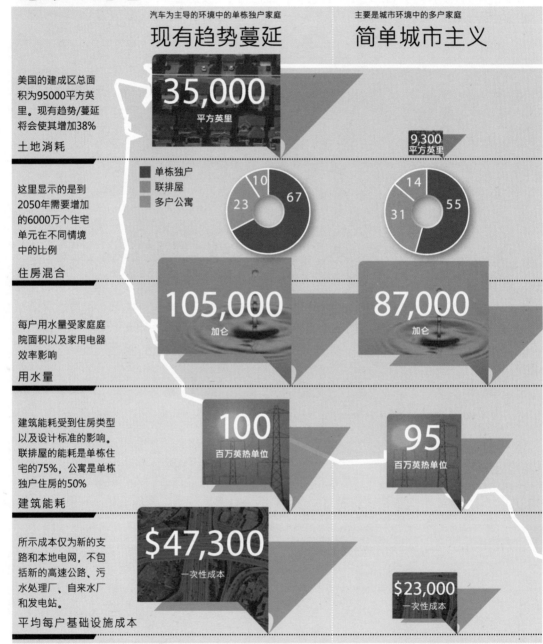

汽车为主导的环境中的单栋独户家庭
现有趋势蔓延

主要是城市环境中的多户家庭
简单城市主义

土地消耗

美国的建成区总面积为95000平方英里。现有趋势/蔓延将会使其增加38%

35,000
平方英里

9,300
平方英里

住房混合

这里显示的是到2050年需要增加的6000万个住宅单元在不同情境中的比例

■ 单栋独户
■ 联排屋
■ 多户公寓

10
23
67

14
31
55

用水量

每户用水量受家庭院面积以及家用电器效率影响

105,000
加仑

87,000
加仑

建筑能耗

建筑能耗受到住房类型以及设计标准的影响。联排屋的能耗是单栋住宅的75%，公寓是单栋独户住房的50%

100
百万英热单位

95
百万英热单位

平均每户基础设施成本

所示成本仅为新的支路和本地电网，不包括新的高速公路、污水处理厂、自来水厂和发电站。

$47,300
一次性成本

$23,000
一次性成本

图 20

所示的这些影响反应了建成环境的变化，这些变化是通过土地利用或者建筑标准实现的，其影响之间存在着清晰的联系：随着土地消耗量的削减，基础设施的数量和成本也就下降；建筑更为紧凑也更为节能，用水量降低。更为城市化的未来模拟情景中，其住房混合比例与现有比例相差并不大，三分之一仍为多户公寓，单栋独户住宅的比例从62%减少到55%，主要的变化是联排屋的增加。而蔓延式的未来模拟情景中，单栋独户住宅比例将比现在高。

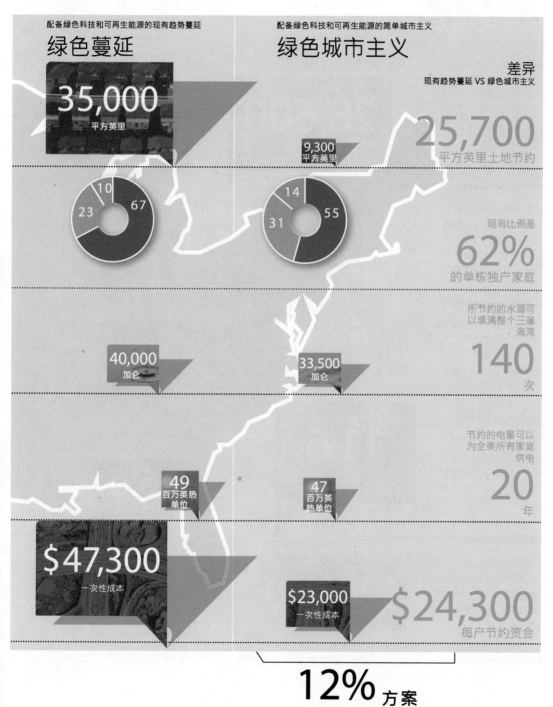

配备绿色科技和可再生能源的现有趋势蔓延

绿色蔓延

35,000
平方英里

配备绿色科技和可再生能源的简单城市主义

绿色城市主义

差异
现有趋势蔓延 VS 绿色城市主义

9,300
平方英里

25,700
平方英里土地节约

10 67 23

14 55 31

现有比例是
62%
的单栋独户家庭

40,000
加仑

33,500
加仑

所节约的水源可以填满整个三藩
·海湾
140
次

49
百万英热
单位

47
百万英
热单位

节约的电量可以为全美所有家庭供电
20
年

$47,300
一次性成本

$23,000
一次性成本

$24,300
每户节约资金

12%方案

图 21

四种模拟情景的
影响

	汽车为主导的环境中的单栋独户家庭	主要是城市环境中的多户家庭
	## 现有趋势蔓延	## 简单城市主义

如今，每户家庭每年驾驶约24000英里，在现有趋势的未来则增加到28000，而城市化的未来则下降了43%

每户车英里数(VMT)

28,600 英里/每户	**16,400** 英里/每户

机动车燃油的消耗对于我们国家的经济、环境和安全都是一个负担。可以通过节能汽车以及降低小汽车使用来减负

燃油消耗量

7.7 兆加仑	**5.7** 兆加仑

此处的温室气体总量包括住宅、商业以及私人小汽车的排放。如今这几个部门占到了总排放量的50%以上。

温室气体排放

4,800 百万吨	**3,600** 百万吨

如今美国有超过15个城区的污染物水平超国家标准。这导致的医疗成本和旷工率造成了多方损失

空气污染

11.6 百万吨	**6.6** 百万吨

开销包括家庭能源与水电费用以及车辆相关的持有、养护和保险费用

每户家庭每年开销

$26,600	**$18,500**

图 22

城市主义营造了更多人们无需依赖于小汽车的地方。从而缩减了燃油需求、温室气体排放、高速公路建设以及空气污染。小汽车使用量的下降与节能建筑一起可以为家庭在交通和能源方面节省大量开支。同时它也能使人们消耗在车里的时间减少，从而可能更多的和家人朋友在一起。

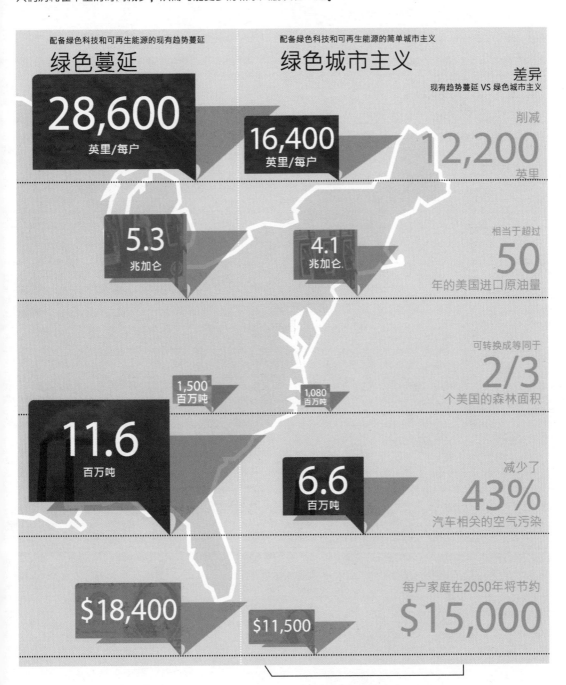

配备绿色科技和可再生能源的现有趋势蔓延

绿色蔓延

28,600
英里/每户

配备绿色科技和可再生能源的简单城市主义

绿色城市主义

16,400
英里/每户

差异
现有趋势蔓延 VS 绿色城市主义

削减
12,200
英里

5.3
兆加仑

4.1
兆加仑

相当于超过
50
年的美国进口原油量

可转换成等同于
2/3
个美国的森林面积

1,500
百万吨

1,080
百万吨

11.6
百万吨

6.6
百万吨

减少了
43%
汽车相关的空气污染

$18,400

$11,500

每户家庭在2050年将节约
$15,000

12% 方案

图 23

在这一紧要的关口——能源、环境、财政以及国家安全的挑战共同涌现之际——我们无法再负担起新一轮的不可持续发展。

第九章　可持续的未来

我记得卡特总统曾经说过，天气冷把毛衣穿上也是环保节能的方法。他说的很对——根据季节和气候及时增减衣服一直就是生活常理。但是只要一说起改变我们的日常行为，哪怕是稍微调低暖气这样的小改变，政客们便暴跳如雷。最后，政府得出的策略就是去干涉和控制石油输出国组织，哪怕会引起无休止的战争。很悲剧的是，30年过去了，面对能源问题我们仍然只有那三个选择：通过美金和战争去换取我们对进口原油的依赖；研发新的科技来寻找再生能源满足我们无穷尽的能源需求；或者建造一个更为都市化的未来，从而保护更多的资源并且改变我们的生活方式。

融合后面两个选择显然是唯一合理的途径。确定各类科技、环保措施以及生活方式改变的时序以及合理配比是我们的当务之急。而城市主义，它即代表了生活方式的改变，同时也是一种环保措施，是工作的重中之重。那么，就产生了两个问题：多大幅度的土地利用改革是可行的？以及，改革的影响是什么？

对于很多美国人来说，高速公路、远郊住宅、购物城以及办公园区就是每天的生活——这是一个无法逃脱的机制，无时无刻不在塑造人们的时间、归属以及机遇。这些景致是如此熟悉以至于让人觉得永远不会改变。它似乎是市场作用下不可避免的结果以及美国人文化的诉求——是我们的公共政策必须永远服从的宿命。它被视为理想化的文化宿命通过自由市场的表达，恒定不变而且无懈可击。

事实上，这种开发模式并非自由市场作用下不可避免的产物；它是国际规划惯例加上一套高度协调的政策和财政补助共同作用的结果。州和联邦的高速公路标准以及投资为这一模式的形成提供了起始动力；市场和我们的税收体制确定了这一模式的住房类型、密度以及区位；而各个辖区出于融资需求制定了与此相关联的区划。在过去的50年里，这样一个自我强化并且推动了蔓延式发展的联邦、州和地方政策体系就逐步形成了。在此我不会一一列举建成环境获得了多少种财政补助（稍微一想就有联邦高速公路投资、联邦住房管理局标准、退役老兵管理局贷款，以及可免税的住房贷款等诸多方式），但我会指出，这样多层面政策相互协调的状况并非是一种阴谋，而是一个复杂、先进的社会不可避免的先决条件。

不幸的是，这一高度协调的开发模式已经不再适应我们的人口结构、经济需要以及环境问题了。在美国，大地块独栋住宅适合所有人的时代早已过去。最新的市场需求已经发生了根本性的转变，紧凑和城市化的生活成为未来的趋势。在接下来的几十年里，很多居住在大地块独栋住宅的老年人将会希望迁入便于打理和维护的小住宅中，市场上的大豪宅将出现过剩情况。同时，市场需要解决大量首次购房者的需求，而他们青睐的是经济适用的住房以及适宜步行的生活。

简而言之，未来的住房市场将自然而然的转向小型住宅、高密度的社区以及配备有公交服务、适宜步行的环境。新的建设活动将会从大地块住宅转向小地块平房，从单纯的单栋独户转向联排屋以及工作/居住两用的loft。公寓将受到单身年轻人以及老年人的喜爱，因为他们趋向于更为城市化的生活、更为经济适用以及灵活的住房。这一市场变化的结果就是：美国的未来将会更加的城市化。在房地产泡沫破灭之后，我们有经济、市场以及环境等方面的需求来为社区开发指引新的方向：一个能够鼓励规划新方法、城市主义以及区域性设计的方向。

冷战之后，经济全球化席卷而来，都市区成为了新经济秩序的基本构成单元。如今，在市场上相互间争夺贸易、旅游业甚至经济统治地位的，不是国家，而是区域。此外，我们对于生态的理解也趋于成熟，开始了解到区域同时也是环境的基本构成单元。由于生态系统、社会给予以及区域经济中相互关联的本质，无论爱恨与否，我们与周边的社区已经合并成了一个多中心的都市区。

因此，我们必须放下陈旧的观念，不再将城市、乡镇以及郊区分开来思考，而是将区域视为统一的经济和社会单元。在20世纪的后半叶，由于郊区富裕而旧城社区衰落，这一关联还不是那么明显。但是如今，很多老的郊区也开始发生转变——有的甚至已经开始急剧衰落——这使得我们不能再忽略城市与郊区的内在联系。老人和年轻人、富人与穷人，以及都市圈中的每一个人都是紧密相连的。

由于缺乏区域性的管理机制，导致了地方的发展无法顾及整体环境和经济的影响。这一问题是多元的：首先，地方土地利用自行其是，无法回应职住分配、公交、空气质量以及开放空间保护等区域核心问题；其二，很多地方的土地利用都是沿用陈旧的单一利用分区；其三，联邦政府的政策以及补助习惯性的促生了蔓延式开发。这一系列政策上的失效导致了建设活动停滞的现象：政策继续鼓动蔓延式开发，而居民则尽力将蔓延式开发排斥于自己社区之外。政策陷入了僵局，开发活动被拖延、分散——空间发展只有量的增加而无质的提升。

如果缺乏成体系的区域规划策略，那美国的国会、州立法机构以及地方管理部门对于这种有害的开发模式只能继续治标而不治本。最为首要的是制定全国性政策，要求所有都市区规划机构都出台区域规划，通过土地利用政策和建筑节能标准来降低对小汽车的依赖以及温室气体排放。加州已经采纳的第三百七十五号参议院法案以及可持续社区与气候保护条例（Sustainable Communities and Climate Protection Act）就可以作为全国效仿的榜样。

此类全国性政策是合理并且影响深远的。我们已经明白，只有通过土地利用改革，加大公共交通投资并且改变定价系统来反映小汽车的真实使用成本才能降低温室气体排放以及对小汽车的依赖。只要区域规划中采纳了这些变革，那么区域不仅可以减排，同时还能获取前文所述的诸多额外效益，包括大众健康提升、土地资源保护、基础设施费用以及进口原油依赖和供水需求的下降等。

这一政策将要求每一个区域都开发多个土地利用情景，并且量化投资以及环境方面的产出。每一个州都必须在联邦政府的指导下，为州内各区域规划机构分配驾驶里程的削减目标。例如，华盛顿州就已经通过法案，要求从2005~2050年削减驾驶里程数的50%[1]。区域规划机构会制定达成这一目标的实施策略，上交州政府审批后，地方政府就负责这一策略在土地利用上的实施工作。

胡萝卜与大棒要一起上，才可以引导地方上的规划走向正途：地方规划如果不按照政策执行，那么联邦以及州政府的基础设施拨款将减少，反之则可获得拨款。此外，由于碳排放已经被美国环保局列为污染物，因此不按照区域政策执行的地区将会官司缠身。最终，每一个州都会制定各自的立法来协调地方的土地利用和上层次的区域规划和政策。华盛顿、加州以及俄勒冈州就是三个很好的案例。

除了设定区域驾驶里程削减目标外，很多现有法规和标准也需要更新。20世纪50年代联邦政府就基于城市设计的成功案例来开发了新的设计法规，如今联邦政府也可以在法规的更新上再次起到带头作用。联邦的准则和标准设立后，各个州再根据自身特点进行修改和采纳。一些关键的准则和标准包括建筑节能标准、土地利用法规（包括混合利用和形态标准）以及兼容多种用途的道路设计。

然而，这些整合性的策略所面临的政治阻碍是相当大的：地方上只求量的增长和税基的增加，全然不顾开发质量以及区域合作；开发商只求重复过往的成功而不顾时代与市场的变化；社区组织希望能够保护和强化现有的物业价值而采取排外措施；而大众则对于变革或者失控存在着担忧。维持现状的力量是有力的，而且不断的自我强化。那些排外并且坚守着自己私密世界的欲望以及各路专家固守专业陈规的习性扭结在了一起，阻碍着变革的发生。

政府政策以及拨款的调整需要有一个强势的政治联盟来推动。幸运的是，美国城市现在所面临的诸多问题就是新联盟创建的基础，这一联盟将会包括环保人士、开发商、商业领袖以及城市倡导者等各界人士。

环保人士正逐渐意识到新的开发形态对于达到很多生态目标是至关重要的，而气候变化只是众多目标中的一个。自然资源保护委员会（NRDC）、塞拉俱乐部（Sierra Club）、美国农田信托（American Farmland Trust）以及其他许许多多的环保组织都在积极的支援精明增长。对于他们而言，通过公交来联系居住和就业已经与开放空间保护以及污染物控制一样重要。

倡导经济适用房以及在市内投资的人们现在也开始支持区域性的规划行动。他们利用新的公交系统和城市空间增长边界来作为刺激市中心住房与商业发展的策略。将两者的目标相结合，并且突破城市与郊区的界限，环保人士与城市的改革者们都获得了盟友。经济适用房的倡导者们现在都了解到了内城复兴与区域规划之间的联系。

私营企业也逐渐加入了支持政策改革的行列。三藩湾区的硅谷制造业集团（Silicon Valley Manufacturing Group）就是一个不错的例子。他们明白，一个地区长期的健康与繁荣对于他们的经济至关重要，而有效的交通体系以及合理的职住平衡则是吸引人才的核心要素。他们对于精明增长的倡议活动在其他很多地区和机构都得到了响应，例如芝加哥的商业俱乐部（Commercial Club）和三藩市的湾区委员会（Bay Area Council），他们意识到在区域尺度长期的投资和宜居程度对于稳定的经济增长尤为重要。具有讽刺意味的是，这些商人比我们的很多政客都清楚区域到底需要什么。

最后，房地产开发商也会加入精明增长的行列之中。区域规划为城市未来空间发展提供了确定性，同时也加速了开发审批的过程，这对于房地产产业来说是大好的消息。因为开发商往往需要经历长达数年耗时耗力的审批过程。而开发商最终也需要根据市场需求而调整产品。广大购房者逐渐意识到鼓励的办公园区、远郊住宅区以及购物城的劣势，从而使得混合利用、适宜步行并且配备有公交服务的开发正受到市场的青睐。城市土地研究所（Urban Land Institute），作为全美领先的开发商组织，一直以来通过其研究、出版物以及具体项目来宣传和实践精明增长的理念。

这四个团体——环保人士，开发商，商业团体以及对城市发展以及经济适用房的倡议者——都在可持续开发中找到共同的目标。他们能够组成强大的联盟来推动大尺度的生态项目，加速开发审批手续、有效的经济适用房政策，以及平衡城市与郊区需求的区域政策与投资。这些新团体正在取代以往独立的团体在体制改革中发挥作用。展望犹他（Envision Utah）就是一个很好的案例：这一组织主要是由商业团体领导，他们将环保组织、倡导社会公平的组织、开发商以及宗教团体都组织到了一起，通过他们称之为"大圆桌"（Big Table）的方式共同讨论。这一方法获得了很大的成功，因为里面的每一方都希望为美国的下一代分忧：开发商希望能够为下一代建设；环保人士希望为下一代保留健康的生态环境；宗教团体则希望下一代能有更为稳定的社区生活；城市主义者希望能传给下一代更宜居与公平的社会；而大众则希望自己的子孙后代能够居住在一个健康而经济适用的社区里。

我们的城市里蕴含着一种特有的智慧，它随着时间而改变。每一个时代都有自己独有的关注点，而我们的城市则通过调整自身的形态和特质来适应这些变化着的关注点。对于环保人士而言，城市有着不同的意义：一方面，城市是现代文明所创造的堵塞、污染以及废弃物的标志；而另一方面，则是可以遏制蔓延式开发不断侵蚀自然的替代方案。城市以往的形态——混合利用并且活跃的街道，公共交通系统以及丰富的公共空间——拥有人本尺度的空间，而这些空间无需技术或者环境的代价。在廉价的石油和汽车替代步行之前，在电灯取代了窗户之前，在远郊住宅区取代了社区之前，在购物城取代了商业老街之前，这样的形态都还存在。而优越的可达性和昂贵的能源价格，使得以前的城市在土地利用与能源方面对环境的消耗很小。

我们无法维系现有的开发模式，然而，我们也无法再完全的回到二战前的美国城镇。那种邻里之间相互认识、楼下商铺的掌柜就是楼上的邻居、大家都走路出门的时代已经不再。因为至少汽车，这一郊区化发展的教父不会因为土地利用上的限制或者公交的替代而消失。而几辈人济济一堂生活的大家庭以及街坊里的夫妻店也不会因为政策、设计控制或者精明的规划而重现。同时，那些精雕细作慢慢积累的建筑也成了历史。

但是如果谨慎的融合各种元素，那么拥有活跃的公共空间、适应步行的环境和个性的社区仍然是可能的。城市空间的形态应该随着时间和地点而变化，但某些设计原则将会保持永恒和现代——永恒是指人类的基本需求和人本尺度不会因为不同科技的诞生而改变，现代是指那些传承了一个地方根本特色与文化的传统应该得到保留。

在这一紧要的关口——能源、环境、财政以及国家安全的挑战共同涌现之际——我们无法再负担起新一轮的不可持续发展。相反，我们需要为一个新版本的美国梦，一个更能服务于大众的城市形态而创造基础。因为未来的美国社会里将会有更多的单身家庭、赤贫的工薪阶级、老年人以及挣扎着的中产家庭，这些人不再需要奥兹和哈里特（美国经典电视剧主人公）版本的美好生活。

全球人口在迅速的增加，预测可以达到100亿，而这些增长又主要集中在大城市，从而我们急需一种新的视角来审视社区以及城市主义。事实上，一个经济适用、活跃并且环境良好的城市形态对于人类的生存是至关重要的。如果我们的城市、乡镇以及区域期望繁荣，那么它们必须进行可持续的设计：在根源上系统性的减少资源的浪费和碳排放、可持续的安排生产以平衡长期的需求，同时培育诚信、公平和持久稳固的社会形态。

为了整个地球的繁荣，以往基于集中化、专业化以及标准化这些工业生产原则的开发模式需要演进成新的形态和城市设计——这种形态能够去除现代建筑那些象征性的技法和新潮的风格，并取而代之以能够尊重场地的气候、生态和历史的设计；这种新的城市设计能够去除短视的市场行为，取而代之以长远的稳定。

过去50年里美国的经济和文化从工业化转向了后工业化，这一转变被称为从

"批量化生产"经济向"信息"经济的转变。而如今，我们必须去创造一个"生态"经济。很多经济学家和环境学家都在撰写与"绿色"未来相关的文章，但这一绿色未来的实体形态以及平衡点还有待发掘。在公共政策层面，这一绿色未来被诠释成了独立零散的政策，例如支持可再生能源、绿色产业、提高发电效率以及为建筑和交通节能制定更高标准，等等。在市民的生活中，绿色的未来是从人们意识的转变和细节的改变开始的：循环利用、使用节能灯泡、调整温度计、购置太阳能设备以及对建筑进行保温隔热处理，等等。但是，如今对于绿色未来的诠释还未能拓展到我们生活方式以及社区的根本改变上来。

城市主义就是这一根本性的改变。它提供了成本效益最高的环保策略，甚至比免费的都好——建造紧凑、适宜步行的社区的成本要低于任何其他形式，同时其经济效益还因其他额外的效益而得到巩固。城市主义的策略能够大规模的削减碳排放并且保护农田与栖息地，增进公共健康，它还创造了机会让我们重塑社区感以及强化我们国家的独特个性。

在可持续未来的设计之中，我们不可避免的（或者说感到兴奋的）将要去调和一些看上去相互冲突的元素：汽车与行人，大型企业与小生意，郊区的隐私与城市的繁华，建设与保护，个人财富与公共福利。我们必须去糅合这些极端元素，使之融入到新的开发模式之中。而相对应的措施是复杂而具有挑战性的：开发新的土地利用策略使其能显著削减碳排放的同时增进社会公平与经济增长；营造社区使其能够重振公共生活的同时不会牺牲私人的独立性与个性；推进新的规划方法使其能够重塑步行环境并尊重历史；并研究出新的设计思想使其能够容纳现代的科技和社会组织而不会牺牲自然、人本尺度以及那些珍藏着人们回忆的地方。

如何能够将城市营造成富有意义的地方，而不是为居住和商业提供场地的简单机器，这很大程度上取决于我们如何来塑造共性（Common）。最终，城市主义需要人们了解到公共领域必须优先于私人领域——社会的进步与福利应该是拿来共享的，而不能纳入私囊。只有共性的存在，空间才会变得真实，从而"住房"成为归属，"分区"成为社区，"行政单位"成为故土，而最终我们的自然环境成为我们的家园。艾默生（Ralph Waldo Emerson），这一美国伟大的诗人和哲学家，在他的诗篇中为我们指明了社区营造的方向："生活中，知足常乐；追寻优雅而不是奢华，追寻修养的精进而不是衣着的浮夸；活得有价值，而非显贵；丰富，而不是富贵；以一颗开明而包容的心倾听星辰与飞禽，婴儿与圣人；在共性中释放心灵。"

全球的人口正在向100亿的关口迈进，大部分的人口增长将发生在大城市之中，这促使我们去探索新的社区和城市主义。事实上，经济适用、活跃而环保的城市形态对于人类的生存至关重要。倘若希望我们的城市、小镇与区域能够繁荣，那可持续性的设计势在必行：系统性的降低能源浪费以及碳排放，通过可持续的生产模式平衡长远的需求，同时培育诚信、公平与持久的社会形态。

图 24

注释与参考文献

引言

1. Population Division of the Department of Economic and Social Affairs of the United Nations Secretariat, "World Population Prospects: The 2006 Revision and World Urbanization Prospects: The 2007 Revision," http://esa.un.org/unup (accessed May 5, 2010).

2. Kevin A. Baumert et al., "Navigating the Numbers: Greenhouse Gas Data and International Climate Policy" (Washington, DC: World Resources Institute, 2005), 32.

第一章

1. U.S. Census Bureau Population Division, "2008 National Population Projections: Summary Table 1," U.S. Census Bureau, http://www.census.gov/population/www/projections/summarytables.html (accessed February 10, 2010).

2. U.S. Environmental Protection Agency (EPA), "Inventory of U.S. Greenhouse Gas Emissions and Sinks: 1990-2007" (Washington, DC: EPA, 2009), ES-17.

3. *The State of Metropolitan America*, Brookings Metropolitan Policy Program, http://www.brookings.edu/metro/stateofmetroamerica.aspx (accessed June 22, 2010).

4. Author's analysis of data from the World Resources Institute, "US GHG Emissions Flow Chart," http://cait.wri.org/figures.php?page=/US-FlowChart (accessed April 1, 2010).

5. Information about the assumptions, methodology, and results of the Vision California study and modeling tools can be found at http://www.visioncalifornia.org.

6. California Department of Finance, "Population Projections by Race," State of California, http://www.dof.ca.gov/research/demographic/reports/projections/p-3/ (accessed February 12, 2010).

7. Natural Resources Conservation Service, "National Resources Inventory 2003 Annual NRI," U.S. Department of Agriculture, http://www.nrcs.usda.gov/technical/NRI/ (accessed February 12, 2010).

8. San Francisco Bay estimate based on William Emerson Ritter and Charles Atwood Kofoid, eds., *University of California Publications in Zoology*, vol. 14 (Berkeley: University of California Press, 1918), 22; agricultural data from Economic Research Service, "Western Irrigated Agriculture," U.S. Department of Agriculture, http://www.ers.usda.gov/Data/WesternIrrigation/ (accessed April 1, 2010).

9. Research and Innovative Technology Administration, "Table 5-3: Highway Vehicle-Miles Traveled

(VMT)," Bureau of Transportation Statistics, http://www.bts.gov/publications/state_transportation_ statistics/state_transportation_statistics_2006/html/table_05_03.html (accessed February 12, 2010).

10. Bureau of Transportation Statistics, "National Transportation Statistics 2009" (Washington, DC: U.S. Department of Transportation, 2009), table 2-1. The fatality rate per mile traveled is assumed to hold consistent from 2009 until 2050. Hospital costs data from National Highway Traffic Safety Administration, "The Economic Impact of Motor Vehicle Crashes 2000" (Washington, DC: U.S. Department of Transportation, 2002), 60.

11. U.S. Environmental Protection Agency (EPA), "National Air Quality: Status and Trends through 2007" (Research Triangle Park, NC: EPA, 2008).

12. David R. Bassett Jr. et al., "Walking, Cycling, and Obesity Rates in Europe, North America, and Australia," *Journal of Physical Activity and Health* 5 (2008): 795-814.

13. U.S. Environmental Protection Agency (EPA), "Residential Construction Trends in America's Metropolitan Regions" (Washington, DC: EPA, 2010).

14. Christopher B. Leinberger, "The Next Slum?" *Atlantic*, March 2008.

15. Natural Resources Defense Council, "Reducing Foreclosures and Environmental Impacts through Location-efficient Neighborhood Design" (New York: Natural Resources Defense Council, 2010).

16. Andrea Sarzynski, Marilyn A. Brown, and Frank Southworth, "Shrinking the Carbon Footprint of Metropolitan America" (Washington, DC: Brookings Institution, 2008).

17. Author's analysis of data from World Resources Institute, "US GHG Emissions Flow Chart," http:// cait.wri.org/figures.php?page=/US-FlowChart (accessed April 1, 2010).

18. Bureau of Transportation Statistics, "National Transportation Statistics 2009" (Washington, DC: U.S. Department of Transportation, 2009), table 1-32; Natural Resources Conservation Service, "National Resources Inventory 2003 Annual NRI," U.S. Department of Agriculture, http://www.nrcs.usda.gov/ technical/NRI/ (accessed February 12, 2010).

19. Metro Regional Government, "1990-2008 Daily Vehicle Miles Traveled, Portland and the U.S. National Average," Metro Regional Government, http://library.oregonmetro.gov/files/1990-2008_ dvmt_portland-us.pdf (accessed March 1, 2010).

20. The Center for Neighborhood Technology has done extensive research revealing that urban dwellers commute shorter distances and rely on public transit more often. Their per capita emissions, as well as spending on transportation, are consistently lower than those of the average American.

21. Office of Long-Term Planning and Sustainability, "Inventory of New York City Greenhouse Gas Emissions" (New York: Mayor's Office of Operations, 2007), 6.

22. Assuming advanced natural gas combined cycle plant technology.

23. National Energy Technology Laboratory, "Cost and Performance Baselines for Fossil Energy Plants" (Washington, DC: U.S. Department of Energy, 2007).

24. Calculations based on average capacity factors for each technology, and land use requirements based on case studies of representative electricity-generation facilities.

25. Energy Information Administration, "Annual Energy Review 2008" (Washington, DC: U.S. Department of Energy, 2009).

26. Al Gore, *Our Choice: A Plan to Solve the Climate Crisis* (Emmaus, PA: Rodale Books, 2009), 254.

27. Organisation for Economic Co-operation and Development (OECD), "Safety of Vulnerable Road Users" (Paris: OECD, 1998), 47.

28. OECD, "Safety of Vulnerable Road Users."

29. John Holtzclaw, Mary Jean Burer, and David B. Goldstein, "Location Efficiency as the Missing Piece of the Energy Puzzle: How Smart Growth Can Unlock Trillion Dollar Consumer Cost Savings" (Asilomar, CA: Natural Resources Defense Council and the Sierra Club, 2004); Front Seat, "Walk Score: Helping Homebuyers, Renters, and Real Estate Agents Find Houses and Apartments in Great Neighborhoods," http://www.walkscore.com/ (accessed February 10, 2010).

30. Prices per square foot are calculated using the online real estate services of Trulia.com using quarterly real estate statistics from 2009. Densities are calculated as a net of residential parcels using data from city and neighborhood boundaries established by the corresponding municipality.

31. Joe Cortright, "Walking the Walk: How Walkability Raises Home Values in U.S. Cities" (Chicago, IL: CEOs for Cities: 2009), table 8.

第二章

1. Arthur C. Nelson, "Leadership in a New Era," *Journal of the American Planning Association* 72, no. 4 (2006): 393.

2. Nelson, "Leadership in a New Era," 394.

3. Author's analysis of data from the U.S. Census Bureau.

4. Bureau of Transportation Statistics, "National Transportation Statistics 2009" (Washington, DC: U.S. Department of Transportation, 2009), table 1-32; U.S. Census Bureau, "Census of Population: 1960" (Washington, DC: U.S. Department of Commerce, 1961), 1-146.

5. Steven Raphael and Michael A. Stoll, "Job Sprawl and the Suburbanization of Poverty" (Washington, DC: Brookings Institution, 2010).

6. U.S. Census Bureau, "American Families and Living Arrangements: 2003" (Washington, DC: U.S. Department of Commerce, 2010), tables HH-6 and FM-1.

7. U.S. Census Bureau, "American Families and Living Arrangements: 2003."

8. U.S. Bureau of Labor Statistics, "Handbook of Labor Statistics, Bulletin 2175" (Washington, DC: U.S. Bureau of Labor Statistics, 1983), 44; U.S. Bureau of Labor Statistics, "Current Population Survey (CPS)" (Washington, DC: U.S. Bureau of Labor Statistics, 2008), 195.

9. Robert Putnam, *Bowling Alone: The Collapse and Revival of American Community* (New York: Simon & Schuster, 2000), 27.

10. Putnam, *Bowling Alone*, 45.

11. U.S. Census Bureau, "American Families and Living Arrangements: 2003" (Washington, DC: U.S. Department of Commerce, 2004), figure 2.

12. U.S. Census Bureau, "Statistical Abstract of the United States: 2003" (Washington, DC: U.S. Census Bureau, 2003), no. HS-12: Households by Type and Size: 1900 to 2002.

13. U.S. Census Bureau, "2008 Characteristics of New Housing" (Washington, DC: U.S. Census Bureau,

2008), 384.

14. Federal Highway Administration, "Journey-to-work Trends in the United States and Its Major Metropolitan Areas 1960-1990" (Washington, DC: U.S. Department of Transportation, 1994), exhibit 1.14.

15. Federal Highway Administration, "Journey-to-work Trends in the United States," exhibit 1.1.

16. Federal Highway Administration, "Journey-to-work Trends in the United States," exhibit 1.1.

17. Federal Highway Administration, "Highway Statistics Summary to 1995" (Washington, DC: U.S. Department of Transportation, 1995), table VM-201; Bureau of Transportation Statistics, "National Transportation Statistics 2009" (Washington, DC: U.S. Department of Transportation, 2009), table 1-32.

18. Federal Highway Administration, "Highway Statistics Summary to 1995," table VM-201; Bureau of Transportation Statistics, "National Transportation Statistics 2009," table 1-32.

19. Federal Highway Administration, "Addendum to the 1997 Federal Highway Cost Allocation Study Final Report" (Washington, DC: U.S. Department of Transportation, 2000).

20. U.S. Environmental Protection Agency (EPA), "National Air Quality: Status and Trends through 2007" (Washington, DC: EPA, 2008), 1.

21. Bureau of Transportation Statistics, "National Transportation Statistics 2009," table 2-17: Motor Vehicle Safety Data.

22. Bureau of Transportation Statistics, "National Transportation Statistics 2009," table 2-17: Motor Vehicle Safety Data.

23. Cambridge Systematics, "Crashes vs. Congestion: What's the Cost to Society?" (Washington, DC: American Automobile Association, 2008), 4-3.

24. William Lucy, "Mortality Risk Associated with Leaving Home: Recognizing the Relevance of the Built Environment," *American Journal of Public Health* 93 (2003): 9.

25. Gregory W. Heath et al., "The Effectiveness of Urban Design and Land Use and Transport Policies and Practices to Increase Physical Activity: A Systematic Review," *Journal of Physical Activity and Health* 3 (2006): S-56.

26. Pat S. Hu and Timothy R. Reuscher for the Federal Highway Administration, "Summary of Travel Trends: 2001 National Household Travel Survey" (Washington, DC: U.S. Department of Transportation, 2004), 17; Reid Ewing et al., *Growing Cooler: The Evidence of Urban Development and Climate Change* (Washington, DC: Urban Land Institute, 2008).

27. J. F. Sallis et al., "Neighborhood Built Environment and Income: Examining Multiple Health Outcomes" (Sacramento: California Department of Transportation, 2002), 1.

28. Laura K. Kahn et al., "Recommended Community Strategies and Measurements to Prevent Obesity in the United States" (Atlanta: Centers for Disease Control and Prevention, 2009).

29. U.S. Bureau of Labor Statistics, "Handbook of Labor Statistics, Bulletin 2175," 44; U.S. Bureau of Labor Statistics, "Current Population Survey (CPS)" (2008), 206. Basic industries defined as blue-collar workers and farm workers (1958); natural resources, construction, and maintenance occupations as well as production, transportation, and material moving occupations (2008).

30. U.S. Bureau of Labor Statistics, "Current Population Survey (CPS)" (2008), 206.

31. Energy Information Administration, "Annual Energy Review 2008" (Washington, DC: U.S. Department of Energy, 2009), table 2.1a.

32. Lawrence Mishel et al., *The State of Working America 2008/2009* (Ithaca, NY: Cornell University Press, 2009), table 1.1.

33. U.S. Bureau of Labor Statistics, "100 Years of U.S. Consumer Spending: Data for the Nation, New York City, and Boston" (Washington, DC: U.S. Department of Labor, 2006).

34. Richard Florida, "How the Crash Will Reshape America," *Atlantic*, March 2009.

35. Energy Information Administration, "Annual Energy Review 2008," table 2.1a.

36. U.S. Census Bureau, "Current Population Survey" (2009) and "Annual Social and Economic Supplements" (2009 and earlier), U.S. Census Bureau, http://www.census.gov/population/socdemo/hh-fam/hh1.xls (accessed April 5, 2010).

37. Bureau of Transportation Statistics, "National Transportation Statistics 2009," table 1-32.

38. Energy Information Administration, "Annual Energy Review 2008," table 2.1a.

39. Energy Information Administration, "Annual Energy Review 2008," table 2.1a.

40. Energy Information Administration, "Annual Energy Review 2008," figure 8.0.

41. Energy Information Administration, "Annual Energy Review 2008," table 2.1a.

42. Energy Information Administration, "Annual Energy Review 2008," table 2.1a.

43. Bureau of Transportation Statistics, "National Transportation Statistics 2009," table 1-37.

44. Center for Clean Air Policy (CCAP) and Center for Neighborhood Technology (CNT), "High Speed Rail and Greenhouse Gas Emissions in the U.S." (Washington, DC: CCAP and CNT, 2006), 10. The German Intercity-Express train was used for purpose of comparison. Its construction as electric multiple units most closely resembles the technology proposed for the California high-speed rail.

第三章

1. Global Footprint Network, *The Ecological Footprint Atlas 2009* (Oakland, CA: Global Footprint Network, 2009).

2. Global Footprint Network, *The Ecological Footprint Atlas 2009*.

3. Global Footprint Network, *The Ecological Footprint Atlas 2009*.

4. International Energy Agency, *CO_2 Emissions from Fuel Combustion: Highlights* (Paris: Organisation for Economic Co-operation and Development, 2009), 89.

5. These figures take into account emissions from the full life cycle of transportation fuel use, which exceeds emissions from fuel combustion alone.

6. Author's analysis of data from (1) World Resources Institute, "US GHG Emissions Flow Chart," http://cait.wri.org/figures.php?page=/US-FlowChart (accessed April 1, 2010); (2) Kevin A. Baumert et al., "Navigating the Numbers: Greenhouse Gas Data and International Climate Policy" (Washington, DC: World Resources Institute, 2005), 4-5; (3) California Energy Commission, "Inventory of California Greenhouse Gas Emissions and Sinks: 1990 to 2004" (Sacramento: California Energy Commission, 2006).

7. U.S. Environmental Protection Agency (EPA), "Inventory of U.S. Greenhouse Gas Emissions and Sinks: 1990-2007" (Washington, DC: EPA, 2009), table ES-7.

8. Energy Information Administration, "Annual Energy Review 2008" (Washington, DC: U.S. Department of Energy, 2009), figure 8.0.

9. U.S. Bureau of Labor Statistics, "100 Years of U.S. Consumer Spending: Data for the Nation, New York City, and Boston" (Washington, DC: U.S. Department of Labor, 2006).

10. McKinsey & Company et al., "Reducing U.S. Greenhouse Gas Emissions: How Much at What Cost?" (New York: McKinsey & Company, 2007).

11. Natural Resources Defense Council, "The New Energy Economy: Putting America on the Path to Solving Global Warming" (New York: Natural Resources Defense Council, 2008).

12. Urban Land Institute and PricewaterhouseCoopers LLP, *Emerging Trends in Real Estate 2010* (Washington, DC: Urban Land Institute, 2009).

13. California Energy Commission, "California's Energy Efficiency Standards for Residential and Nonresidential Buildings," http://www.energy.ca.gov/title24/ (accessed February 10, 2010).

14. California Energy Commission, "California's Energy Efficiency Standards for Residential and Nonresidential Buildings."

15. Architecture 2030, "Climate Change, Global Warming, and the Built Environment—Architecture 2030," http://www.architecture2030.org/ (accessed February 10, 2010).

16. Formally known as AB 1493, the Pavley regulations are part of California's commitment to reduce new passenger vehicle GHGs. The bill's regulating body, the California Air Resources Board, was given permission by the EPA to implement its own emission standards for new passenger vehicles in 2009. It is expected that the Pavley regulations will reduce GHG emissions from California passenger vehicles by about 30 percent in 2016, concurrently improving fuel efficiency and reducing motorists' costs.

17. Center for Transit Oriented Development and Center for Neighborhood Technology, "The Affordability Index: A New Tool for Measuring the True Affordability of a Housing Choice" (Washington, DC: Brookings Institution, 2006).

18. U.S. Bureau of Labor Statistics, "2008 Consumer Expenditure Survey" (Washington, DC: U.S. Department of Labor, 2009), table 5.

19. AAA, "Your Driving Costs" (Heathrow, FL: AAA Association Communication, 2009). A medium-sized sedan driving fifteen thousand miles a year is assumed.

20. Wells Fargo Home Mortgage, "Calculate Rates and Payments," Wells Fargo, https://www.wellsfargo.com/mortgage/tools/rate_calc/input_page (accessed April 8, 2010). Original mortgage payment calculations assume a down payment of $30,000 toward the purchase of a $175,000 home, with an interest rate of 5.125 percent on a thirty-year fixed loan.

21. The Southeast Growth Area Specific Plan for the City of Fresno, California, is currently undergoing environmental review (as of May 2010). Plan adoption is expected upon completion of the review process.

22. U.S. Bureau of Labor Statistics, "Consumer Expenditure Survey" (U.S. Department of Labor, 2008). Sampled lower income households have a total income of $15,000 to $19,999 before taxes.

23. Christopher B. Leinberger, *The Option of Urbanism: Investing in a New American Dream* (Washington, DC: Island Press, 2009).

第四章

1. Christopher B. Leinberger, *The Option of Urbanism: Investing in a New American Dream* (Washington, DC: Island Press, 2009).

第五章

1. Robert Putnam, *Bowling Alone: The Collapse and Revival of American Community* (New York: Simon & Schuster, 2000).

2. American Farmland Trust (AFT), "Farming on the Edge: A New Look at the Importance and Vulnerability of Agriculture near American Cities" (Washington, DC: AFT, 1994).

3. American Farmland Trust (AFT), "Alternative for Future Growth in California's Central Valley: The Bottom Line for Agriculture and Taxpayers" (Washington, DC: AFT, 1995).

4. SmartCode Central, "SmartCode Version 9.2," Duany Plater-Zyberk & Company, http://www.smartcodecentral.org/docs/3000-BookletSC-pdf.zip (accessed February 25, 2010).

第六章

1. Federal Highway Administration, "2009 National Household Travel Survey," U.S. Department of Transportation, http://nhts.ornl.gov/tables09/fatcat/2009/pt_TRPTRANS_WHYTRP1S.html (accessed April 6, 2010).

2. Organisation for Economic Co-operation and Development (OECD), "Safety of Vulnerable Road Users" (Paris: OECD, 1998), 47.

3. Federal Highway Administration, "Journey-to-work Trends in the United States and Its Major Metropolitan Areas 1960-2000" (Washington, DC: U.S. Department of Transportation, 2003), exhibit 1.1.

4. Federal Highway Administration, "Journey-to-work Trends in the United States," exhibit 4.13.

5. Transportation Research Board of the National Academies, "Commuting in America III: The Third National Report on Commuting Patterns and Trends" (Washington, DC: Transportation Research Board, 2006), 94.

6. National Governors Association (NGA), "Growing Pains: Quality of Life in the New Economy" (Washington, DC: NGA, 2000), 10.

7. Robert Cervero et al., "TCRP Report 102—Transit Oriented Development in the United States: Experiences, Challenges, and Prospects" (Washington, DC: Transportation Research Board, 2004), 134.

8. Reid Ewing et al., *Growing Cooler* (Washington, DC: Urban Land Institute, 2008), 9.

9. TriMet, "At Work in the Field of Dreams: Light Rail and Smart Growth in Portland" (Portland, OR: TriMet, 2006), 2.

10. Center for Clean Air Policy, "Cost-effective GHG Reductions through Smart Growth and Improved Transportation Choices: Executive Summary" (Washington, DC: Center for Clean Air Policy, 2009).

11. G. B. Arrington and Sara Nikolic, "Turning the 'D' in TOD into Dollars," *Seattle Daily Journal of Commerce*, May 29, 2009.

12. Gloria Ohland and Shelley Poticha, eds., *Street Smart: Streetcars and Cities in the Twenty-first Century* (Oakland, CA: Reconnecting America, 2007).

第七章

1. California Air Resources Board (CARB), "California Greenhouse Gas Inventory for 2000–2006," http://www.arb.ca.gov/cc/inventory/data/data.htm (accessed April 9, 2010); U.S. Environmental Protection Agency (EPA), "Inventory of U.S. Greenhouse Gas Emissions and Sinks: 1990-2007" (Washington, DC: EPA, 2009), ES-17.

2. Author's analysis of data from the California Air Resources Board and U.S. Environmental Protection Agency.

3. Federal Highway Administration, "Highway Statistics 2007" (Washington, DC: U.S. Department of Transportation, 2007), table VM-2.

4. California Air Resources Board, "Climate Change Scoping Plan" (Sacramento: California Air Resources Board, 2008).

5. State of California, *Assembly Bill 1493* (adopted July 22, 2002).

6. California Air Resources Board, "Climate Change Scoping Plan Appendices, Volume I: Supporting Documents and Measure Detail" (Sacramento: CARB, 2008), C-108.

7. California Energy Commission, "2008 Net System Power Report" (Sacramento: California Energy Commission, 2009), 5.

8. California Air Resources Board, "Climate Change Scoping Plan," 74.

9. California Department of Finance, "Population Projections by Race," State of California, http://www.dof.ca.gov/research/demographic/reports/projections/p-3/ (accessed February 12, 2010).

第八章

1. Based on current rates of utilization per lane-mile and typical construction costs per lane-mile. Bureau of Transportation Statistics, "National Transportation Statistics 2009," table 1-6: Roadway Vehicle-Miles Traveled (VMT) and VMT per Lane-Mile by Functional Class and table 1-33: Roadway Vehicle-Miles Traveled (VMT) and VMT per Lane-Mile by Functional Class; Victoria Transport Policy Institute, "Transportation Cost and Benefit Analysis II—Roadway Facility Costs" (Victoria, BC: Victoria Transport Policy Institute, 2009).

2. Calculations based on average construction costs found in case studies of representative electricity generation facilities.

3. Estimate assumes current rates of fatalities (~1.4) and injuries (~85) per 100 million VMT. Bureau of Transportation Statistics, "National Transportation Statistics 2009," table 2-17: Motor Vehicle Safety Data.

4. Accident-related costs include medical costs; lost earnings; legal, administrative, and workplace costs; property damage; and other monetary effects of fatalities and injuries. Cambridge Systematics, "Crashes vs. Congestion: What's the Cost to Society?" (Heathrow, FL: American Automobile Association, 2008), 4-3.

5. Estimate assumes current rates of spending for health care and the monetary effects of premature death related to air pollution from traffic. Federal Highway Administration, "Addendum to the 1997 Federal Highway Cost Allocation Study Final Report" (Washington, DC: U.S. Department of Transportation, 2000).

6. Lawrence Frank, Martin A. Andresend, and Thomas L. Schmid, "Obesity Relationships with Community Design, Physical Activity, and Time Spent in Cars," *American Journal of Preventive Medicine* 27, no. 2 (2004): 87-96.

7. Eric A. Finkelstein, Justin G. Trogdon, Joel W. Cohen, and William Dietz, "Annual Medical Spending Attributable to Obesity: Payer- and Service-specific Estimates," *Health Affairs* 28, no. 5 (2009): w822-w831.

第九章

1. State of Washington, *House Bill 2815* (adopted March 13, 2008).

译后记

　　在与彼得·卡尔索普一起共事于生态城的设计工作中，我有了翻译这本书的想法。一方面是为新城市主义在中国的实践提供更多的案例和理论支持，另一方面也让国内的读者能在这本旨在反思美国、展望美国的书中探寻对于中国城市发展的启示。

　　翻译过程中，卡尔索普和事务所的同事们为我进行了悉心的讲解，中国建筑工业出版社标准规范与国际合作图书中心和美国能源基金会的朋友们给予了我全力的支持，诚感谢意。

彭卓见

卡尔索普事务所　规划师

2012 年 3 月 23 日

伯克利